산림기술과 산업

산림기술사 · 농학박사

정 규 원

넥서스환경디자인연구원 출판부

책머리

나의 서재 벽에 쓰러진 큰 버나무 그림이 걸려있다. 습지에 넘어져 있으면서 새로운 가지를 틔우고 있다. 매년 대학교 신입생을 대상으로 하는 특강에서 우리나라 산림기술의 어려움을 이야기할 때 이 그림을 보여주며 강의를 시작했다.

「Why is it so difficult?, What should I do?」

내가 어떻게 하면, 뭘하면 산림기술이 대우받으며 잘먹고 잘살수 있을까? 고민에 기술사 사무소를 차렸고, 「산림자원법」 만드는 일에 참여했다. 그 법이 만들어지면 모든 것이 해결될 것 같아서 였다. 기술체계와 업역이 만들어 지기 때문이였다. 그러나 그것도 잠시 였다. 기술시장은 지역주의, 고유기술의 훼손과 폄하가 심하고 특히 용역비와 시공비의 대가기준이 없거나 있어도 현장 적용이 어려웠다.

한 동안 사방, 임도, 복원, 도시림, 재선충방제 품셈 연구에 집중했다. 품셈이 만들어지니 교본이 필요했고 교본만 만들어지면 교육이 필요했다. 그러나 사업현장은 교본과 품셈의 공정이 없는 기술로 여전했고 변화가 없었다.

2011년 우면산 산사태가 발생한후 타분야 기술이 산림기술을 무시했고, 기술보다 행정이 앞섰다. 지금까지 지켜온 우리 산림기술이 하루 아침에 아무것도 아닌 듯 하였다. 우리 사방기술을 지켜 달라며 산림분야 대학교수를 찾아다녔다. 그래서 탄생한 것이 도시사방이며 산림보호법의 산사태의 개념 도입이다.

강원도가 동계 올림픽을 유치하고 가리왕산을 올림픽경기장으로 내어 달라해서 보전·복원 계획수립을 위해서 매일 밤 환경단체를 만나 의견을 들어 설득했다. 우리 산림기술을 믿어달라고 부탁했다. 결국 가리왕산을 지키기위해 직접 유전자 보호구역을 해제하는 연구책임자를 맡았다. 산림기술의 최소한의 자존심이였다.

후회하지는 않는다. 그렇게 지킨 우리 산림기술이 지금은 어떠한가? 사방기술은 토목에 복원기술은 환경에 종속되어 가고 있다. 그 뿐인가? 민북지역의 재해위험성과 북한지역 황폐화 복구의 기술지원에 얼마나 우리는 공을 들였는가?

돌아오는건 우리 기술자와 업체들의 몫은 없었다. 우리가 우리 기술을 인정하지 않았다.

여전히 산림기술시장은 위축되어 매출은 감소하고, 우리 기술자는 서로 시기하고 질투하고 소심하다. 산림정책은 산림자원을 이용한 산림경영에는 별 관심이 없는듯하고 휴양, 치유, 복지, 해외자원에 집중했다. 산림기술을 이용하는 산림자원의 활용 정책은 추진이 미진하다. 그린뉴딜사업도, 탄소중립사업계획에도 흔한 "산림기술"이라는 단어를 찾아 보기 힘들다. 모든 산림 사업이 기술의 기반 없이 어떻게 성공할 수 있는건지 되 물어 보고싶다.

2020년 산림기술인회 회장으로 당선되어 이러한 기술시장을 바꾸어 보고 싶었다. 아니 우리나라산림을 기술 기반으로 제2의 산업화를 이루어 보고 싶었다. 기회가 너무 좋지 않는가? 그러나 현실은 막막하다. 최근 특강의 제목은 "그럼에도 불구하고 포기하지 말아요 우리" 이다. 아무도 산림기술의 중요함을 모르고 있는 것 같다. 외국과는 너무 다르다. 결국 "산"에 올라가서 일하는 자는 우리 기술자들인데 기술자의 육성과 권익 보호정책은 없다.

이 한 권의 책은 많은 산림기술의 어려운 현실과 그것에 대한 해결책을 제시했다. 이 책에서 우리나라 산림의 미래를 걱정했다. 전국의 3만 산림기술자들의 아픔과 슬픔에 작은 위로를 담았다. 분명 산림기술이 인정받고 그 기술로 산업화를 바라는 산림분야 종사자들에게 지금의 현실을 전하고 싶었다. 이제라도 현장중심, 미래중심, 기술중심의 산림산업을 기대하면서...더 이상...어렵지는 않기를 기대하면서...

2021.11.10

도동측백수림 아래에서

정 규 원

CONTENTS

제1장

산림기술과 산업화

Forest,technology-industry

01_

산림기술산업 도입

우리는 항상 임업을 이야기 하고 임업인이라 말한다. 그리고 임업을 하기 위한 기술을 "임업기술"이라고 하고 "산림기술" 이라는 단어도 사용한다. 그러나 안타깝게도 "임업"을 「산림기본법」에서 정의를 하지 못했다. 「임업 및 산촌 진흥촉진에 관한 법률」에 "임업"의 정의가 있는데 다음과 같다.

> 영림업(「산림문화 · 휴양에 관한 법률」과 「수목원 · 정원의 조성 및 진흥에 관한 법률」에 따른 자연휴양림, 수목원 및 정원의 조성 또는 관리 · 운영을 포함한다), 임산물생산업, 임산물유통 · 가공업, 야생조수사육업과 이에 딸린 업으로서 분재생산업,조경업,수목조사업등의 임업관련서비스업을 말한다.

그러나 「임촉법」에서 말한 임업을 하기 위한 기술은 「산림기본법」 제24조에 "임업기술의 진흥" 조항에서 유사한 개념을 찾을 수 있을 뿐 「산림자원법」, 「임촉법」에도 상세히 명시하지 못했다. 「산림기본법」에서 국가 및 지방자치단체는 임업의 경쟁력을 높이고 임산물의 부가가치를 높이기 위하여 임업기술의 연구 · 개발 · 보급 등 필요한 시책을 수립 · 시행하여야 한다라고 명시되어 있다. 그런데 「산림기본법」에서 "임업기술"은 임업의 경쟁력을 높이고 임산물의 부가가치를 높이는데 필요한 기술로 한정되어 협소한 개념으로 정리되어 있다.
여기서 "임업기술은 "산주의 경영에 필요한 종사자 및 경영을 위한 대상으로 하는 기술로 정의 했다. 경쟁력을 높이는데 필요한 기술은 종자, 조림, 간벌, 수확, 임도개설하는 대상의 기반기술로 해석할 수 있고, 임산물의 부가가치 향상 기술에는 목재가공, 단기소득 임산물 등으로 해석되어지기 때문이다. 우리가 알고 있는 임업을 위한 기술은 안타깝게도 「산림기본법」에서 더 확대 해석할 수 있는 여지가 보이지 않는다. 예를 들면 생태복원, 보전, 숲길, 치유숲, 숲속야영장, 관광, 체험, 도시림과 미세먼지, 탄소흡수원 관리, 바이오매수수집, 가로수 등 사업에서 임업기술을 포함하고 있다고 볼 수 없다는 것이다.
최근 이슈화되고 있는 공익적 경영을 위한 사업들이 "임업기술"로 보기에는 법적 기반이 명확하지 않다는 것이다. 물론 이러한 사업들이 「산림기술법」에서는 업체별 업역, 기술자 역할 등으로 명시되어 있긴 하다. 그러나 최근 타 분야와의 업역 분쟁이 많은 것을 보면 개념의 기반이 약한 것은 분명해 보인다.

「산림자원법」 제34조에는 "임업기술"이 "산림과학기술"로 표현하고 있다. 그러나 현장기술과는 거리가 먼 것처럼 보이는 것은 나만의 생각일까? 명시된 "산림과학기술"은 일반적으로 임업기술과 같은 개념으로 보기에는 거리가 있어 보인다. 그래서 「산림자원법」에서 "산림과학기술"은 장기연구사업등 큰 틀의 기술을 포함하는 포괄적 개념으로 보는 것이 어떨까? 그 하위 개념으로 「산림기술」이라고 하는 것이 적합하겠다. 그러나 그것도 문제가 있다. 「산림기본법」에서 "산림기술진흥"을 정의 하고 「산림자원법」에서 "산림과학기술"을 정의 하고 있어 실제는 산림기술이 더 포괄적이라 할 수 있기 때문이다. 그러나 현실은 산림과학기술에는 엄청난 예산과 정책이 있으나 "산림기술"에는 상대적으로 정책과 예산의 수반이 적은 편이다. 「산림기술법」이 만들어져 시행되고 있어도 정책과 예산은 달라진 것은 없기 때문이다. 그러므로 산림과학기술, 그 다음으로 모든 산림사업과 연관사업을 포함하는 기반의 「산림기술」로 하고, 목재, 단기임산물 등 생산, 가공 등을 포함하는 기술을 임업기술로 정리하는게 현실적이다 하겠다.

「산림기술법」에서 「산림기술」이라는 정의가 법, 시행령에 다음과 같이 명시하고 있다.

1) "산림사업"이란 산림의 조성 · 육성 · 이용 · 재해예방 · 복구 · 복원 등 산림의 기능을 유지 · 발전 또는 회복시키기 위하여 산림에서 이루어지는 사업과 도시림 · 생활림 · 가로수 · 수목원의 조성 · 관리 등 산림의 조성 · 육성 또는 관리를 위하여 필요한 사업관련기술

2) 산림사업에관한 계획, 조사, 설계, 시행, 감리기술과 안전점 및 안전성분석, 임업기계의 개발과 운용, 산림기술타당성검토, 산림기술의 정보처리. 산림사업의 공정분석 및 품셈

해석 하자면 산림분야의 모든 사업을 하기 위한 기술은 "산림기술"로 정의 하고 있다는 것이다. 산림기술은 "산림기본법"에서 정의한 "임업기술"의 범주를 벗어나 산림사업의 기반기술과 연관기술까지 포함한다는 것이다. 사업을 위한 재료연구와 재료의 생산사업, 안전을 위한 공법개발과 소재산업, 임업기계의 개발과 제조산업, 정보의 처리를 위한 전자 소프트웨어산업, 특히 수목원, 정원, 도시림, 산림복원사업 등의 타분야 협력사업까지 포함한다면 이것이야 말로 산업이라 할 수 있을 것이다.
산림분야에서 용역업과 시공업을 하고 있는 기술계의 모든 업체들이 하는 역할과 생산유발 행위가 "기술산업"이라고 정의하고 싶은 것이다. 그렇게 하기에는 몇 가지 우리가 해결해야 할 사항이 있다.

첫째로 「산림기본법」에서 "임업기술"에 "산림기술"까지 포함하는 개념 정의가 필요하다.

기본법에서 명시하지 못하면 전면 개정을 앞두고 있는 “「산림자원법」[1]”에서 명시해야 한다. 「산림자원법」은 “산림자원”과 “산림사업” 등의 개념이 정의된 법이다. 최근 이슈화되고 있는 「산림자원법」 개정안에는 산림사업을 수행하는 주체들까지 명시하고 그 주체들의 활동을 “기술산업”으로 추가로 명정하자는 것이다. 2018년 제정된 지금의 「산림기술법」은 기술진흥법으로 산업을 정의 하고 산업의 주체들의 기본권을 이야기 하기에는 무리가 있어 보이기 때문이다.
타 분야의 경우 “건설산업기본법“에는 건설산업의 정의를 도입하고 건설업과 건설용역업을 합처 “기술산업”으로 정의 하고 있다. 건설업에는 토목, 건축, 산업설비, 조경, 환경시설공사를 포함하고, 용역업에는 조사, 설계, 감리, 사업관리, 유지관리업을 포함하고 있다. 전기분야, 문화재분야도 명칭은 달라도 건설산업과 같은 체계를 가지고 있다.
우리 분야에도 기술과 관련된 모든 업체들의 활동을 “산림기술산업”으로 정의하고 국가는 기술산업의 활성화와 국내외 경쟁력을 갖출 수 있도록 육성해주는 것을 제안한다.

둘째로 「산림기술법」에서 명시한 산림기술연구와 개발사업에 대한 적극적인 지원 정책이 필요하다. 산림사업 전반의 기술은 현장에 적용성이 높아야 한다. 기술업계에서는 직접 현장에서 사용하고 있는 기술을 발전시켜 개발하고 체계화 및 제도화 할 수 있어야 한다. 또한 기술개발 후 결과의 만족도가 높아야 한다. 결과의 만족도는 현장 적용성과 경제성으로 판단하고 수준높은 국민들의 눈높이를 맞출 수 있어야 한다. 현실은 기술개발 따로 현장기술 따로인데 아무도 문제의식을 가지지 못하고 있다는 것이다. 거의 모든 기술개발사업을 과학원등의 연구기관과, 대학에만 지원하는 것은 기술업계의 자발적인 참여가 제한되고 개발된 기술을 현장에 적용하는데 시간과 효율성이 떨어진다는 것이

1) 산림자원법 : 산림자원의 조성 및 관리에 관한 법률

다. 타 분야에서는 오랜 기간과 많은 예산을 투입하여 기술분야의 기본에 충실한 상태에서 ICT, 첨단, 스마트, 응용분야의 연구와 현장 적용에 주력하고 있다. 산림기술개발이 그냥 타 분야만 따라 가면 현장기술과의 격리감은 더욱 벌어질것 이고 사용할 수 없는 기술로 될 것이다. 우리 실정에 맞는 기술개발이 되어야 한다는 것이다. 남들이 한다고 따라가면 안된다. 지금의 산림기술은 현장 연구결과를 받아줄 제도적 기반이 없고, 사업규모가 적어 개발된 기술이 현장에 적용하기도 어렵다. 또한 그것을 기술업계에서 받아 사용할 규모의 업체와 기술자가 없다는 것이다.

셋째로 기술업계의 경쟁력 확보를 위한 노력이 정책에서도 업계에서도 필요하다. 정책에서는 현장기술의 선발과 육성제도가 필요하다. 숲가꾸기, 조림, 벌채사업에서 어떠한 기계들이 사용되고 응용하여 만들어 사용하고 있는지? 어떤 사업을 계획하고, 설계 시에는 어떠한 조사기구와 전자야장, 컴의 프로그램 등을 현장에서는 사용되고 있는지? 산림정책분야에서 실태조사를 통한 현장기술 선발이 이루어져야 하고 제도권으로 인증할 수 있는 적극적인 방안이 마련되어야 한다.

마지막으로 자원조성과 육성에대한 기술외 도시림, 휴양림, 환경, 경관사업 등을 복합적으로 사업 하기 위한 기술자의 확보와 업체의 규모화가 절실하다. 또한 계획, 설계, 시공까지 할 수 있는 종합산림사업회사가 만들어 질 수 있도록 자체 역량을 모아야 할 것이며 정책에서는 제도개선과 육성방안이 나와야 한다. 또한 용역업도 기본계획등 종합계획수립과 사업관리, 환경관리, 안전관리등의 사업을 수행 할 수 있도록 종합용역업의 제도도입이 요구된다. 지금의 종합용역업은 고유업역이 없는 실정이기 때문이다. 이것이 타 분야의 산림기술분야 진입을 최소화하고, 공정한 경쟁을 할 수 있는 역량을 키우는 유일한 방안이기 때문이다. 부디 임업, 산림기술 기반의 산업이 제자리를 잡아갈 수 있도록 그래서 국민들이 신뢰할 수 있도록 늦었지만 모두가 힘을 합쳐야 한다. 산림기술이 산주의 산림경영과 국가 공익적 임업경영의 기반이 되어야 한다. 그래야 산림기술이 산림분야뉴딜사업, 탄소중립사업, 산림문화, 교육, 치유 등을 선도하는 미래지향적 산업을 견인하는 역할을 기대할 수 있을 것이다. 「기술산업」 도입과 활성화를 기대한다.

뉴질랜드 밀포드트레킹, 산악 걷는 길을 이용한 음식, 문화, 관광 등의 연관산업과 일자리 창출

제1장
산림기술과 산업화

Forest,technology-industry

INSIDE

02_

임업과 산림업(산업)

일반인들은 산에서 일한다고 하면 모두 임업을 한다고 한다. 그러나, 산에서 조사 · 설계 · 연구하는 필자는 임업을 한다고 할 수 없다. 법적 근거가 없다는 것이다. 누가 물으면, 그냥 산림기술업을 한다라고 하고 만다. 고전적 의미의 임업은 ① 묘목을 심는다 → ② 풀을 베어 나무가 잘 자라도록 한다. → ③ 가지가 많은 나무는 솎아 내고, 가지와 잎의 모양을 좋게 한다. → ④ 아랫가지는 베어 내고 옹이가 생기지 않도록 한다. → ⑤ 약을 뿌려 해충을 퇴치한다. → ⑥ 잘 자란 나무를 베어 낸다. → ⑦ 가지를 없애 통나무로 만든다. → ⑧ 통나무를 모은다. → ⑨ 제재소나 펄프 공장으로 운반한다. 임업은 이러한 과정을 통하여 수익을 얻는 1차 산업이다. 법률적으로는 임업의 정의는 임업 및 산촌신흥속진에관한빕률에 명시되이있다. 임업이란 영림업(「산림문하 · 휴양에 관한 법률」과 「수목원 · 정원의 조성 및 진흥에 관한 법률」에 따른 자연휴양림, 수목원 및 정원의 조성 또는 관리 · 운영을 포함한다), 임산물생산업, 임산물유통 · 가공업, 야생조수사육업과 이에 딸린 업으로서 농림축산식품부령(1. 분재생산업, 2. 조경업, 3. 수목조사업 등 임업 관련 서비스업)으로 한다라고 되어 있다.

「산림기본법」에는 임업의 더 포괄적 정의는 없다. 제6장에 "임업의 육성"에서 임업의 기반조성하는 사람, 임입기술진흥을 위한 연구 · 개발, 정보화촉진하는 사람은 임업인의 범주에 들어 가야 하는 것 아닌가? 그러나 법적으로는 못들어가는 것 같다. 고전적 임업의 나무를 베는사람, 조림을 하는사람, 병해충을 잡는사람은 임업에 종사한다고 할 수 없으며, 산주와 경영주체가 하면 임업이다 할 수 있는 것이다. 그럼 산림자원법에 명시된 산림사업에 종사자는 사람은 임업인가? 법에는 산림을 조성 · 육성 · 이용 · 재해예방 · 복구 · 복원등 산림의 기능을 유지, 발전, 회복시키는 사람, 도시림, 수목원등을 설계, 감리, 시공하는 사람은 임업이라고 하지 못한다. 타법 건설기본기본법에서 보면 용역업, 시공업을 건설산업이라고 하였는데 우리도 산림산업이라고 하면 어떨까 싶다.
임업도 임업인도 아닌 우리 산림기술자들의 역할을 「산림산업」의 범주에 두자는 것이다.

임촉법[1]에 임업인의 정의가 있다. 임업에 종사하는 사람과 즉 임촉법의 임업 정의에 속한 업을 하는자로 정의 해야 할 것이다. 문제는 이와 같은 임업을 영위하기위한 기반과 산림자원법에 명시한 산림사업을 하기위한 또는 하는 사람은 임업인이라고 하기 어렵다는 것이다. 임촉법에서 임업과 임업인외 공익적 산림경영을 위한 기반, 재해, 휴양등의 사업을 위한 기술자들과 업체는 임업인이 아니라는 것이다. 이게 왠 말인가 하실지 모르겠으나 현실이다. 그래서 임촉법에 명시한 임업을 하는 사람을 임업인이라 하고 산림자원법에 명시된 산림사업을 하는 위탁, 대행, 도급등을 하는 기술자, 업체, 연구기관등은 임업인에 포함되 않으니 산림업과 그 행위를 산림산업으로 하는 것이다. 쉽게 이야기해서 임업은 사전적 의미의 행위를 직접하는 사람을 말하며, 산림업은 임업을 위한 임업인을 위한 서비스를 해주는 사람들로 규정하면 산림업에 속하거나 종사하는 사람들이 싫어하지 않을것이다. 또한 임산물은 계절별로 소규모로 생산유통되는게 특징이다. 농산물과 병행하여 도매, 중매, 소매가 이루어지고 있다. 그 분야에서 영위하는 업체나 종업원은 전부 농업 종사자이다. 법률에서 그렇

1) 임촉법 : 임업 및 산촌 진흥 촉진에 관한 법률

게 정의 하고 있다. 그 사람들은 농업 · 농촌 및 식품산업기본법에 임업이 명시되어 있고 업의 종사자까지 포함하고 있어 분명 임업에 관련된 모든 사람은 농업인인데 우리의 법에서 임업인을 한정하니 무엇이 맞는지 모르겠다. 우리 산림기술자와 업체는 농업인으로 가야하는 지경이다.

2013년도 산림청질의 질문서의 내용을 보면, 본 필자와 같은 취지의 질의와 답변이 있었다. 산림사업법인과 산림조합은 임업인이 아니라는 답변이다. 우리 산림분야의 임촉법, 「산림자원법」등에서 임업에 대한 폭넓은 정의를 하지 않았기 때문으로 보인다. 물론 산림사업법인과 산림조합 종사자를 실제 산주, 산림경영자와 같은 맥락으로 지원과 육성을 해주자는 것은 아니다. 다른 방법으로 다른 법 즉 산림산업기본법을 만들어 해야 겠지요. 그리고 결국 임업을 위해 같이 일하는 사람이니 자긍심이라도 키워 줘야 하지 않을까요? 산림사업 업체가 4,000여개 종사자는 3만명인데 이 사람들은 산림업을 하는 사람 (산림산업)이라고 하면 어떨지요?.

〈참고〉

임업인 관련 법률 근거-2013년 산림청(질의 회신)

「산지관리법」 시행령 제12조제1항제2호 및 제3항, 동법 시행규칙 제7조제2호에 의하면 산지관리법 상 임업인은 「임업 및 산촌 진흥촉진에 관한 법률」 시행령 제2조제1호 또는 제4호의 규정에 의한 임업인 중 연중 90일 이상 임업에 종사하거나 임업경영을 통한 임산물의 연간 판매액이 100만원 이상인 자로 한정하고 있고, 「임업 및 산촌 진흥촉진에 관한 법률」 시행령 제2조 제1호 또는 제4호는 "3헥타르 이상의 산림에서 임업을 경영하는 자" 또는 "「산림조합법」 제18조에 따른 조합원으로서 임업을 경영하는 자"로 규정하고 있습니다.

농어업인은 「농지법」 제2조제2호에 따른 농업인, 「수산업법」 제2조제8호의 규정에 의한 어업인으로 규정하고 있고, 또한 동법 시행령 제12조제5항제1호에 의하면 보전산지(임업용산지)안에서 설치가 허용되는 시설의 설치 주체를 농림어업인 또는 「농업·농촌 및 식품산업 기본법」 시행령 제4조에 따른 생산자단체(이하 "농림어업인등"이라 한다)로 구분하고 있습니다.

그런데 「농지법」 제2조제2호 및 제3호도 "농업인"이란 농업에 종사하는 개인으로서 대통령령으로 정하는 자를, "농업법인"이란 「농업·농촌 및 식품산업 기본법」 제28조에 따라 설립된 영농조합법인과 같은 법 제29조에 따라 설립되고 다음 각 목의 요건을 모두 갖춘 농업회사법인을 말한다고 규정하면서 자연인인 농업인과 법인인 영농조합법인·농업회사법인을 구분하고 있고, 아울러 「수산업법」 제2조제11호, 제12호, 제13호 및 제10조제1항에 의하면 "어업인"이란 어업자와 어업종사자를 말하고, "어업자"란 어업을 경영하는 자를 말하고, "어업종사자"란 어업자를 위하여 수산동식물을 포획·채취 또는 양식하는 일에 종사하는 자를 말하며, 어업인은 협동적 어업경영을 통하여 생산성을 높이고 수산물의 공동출하(공동출하)·가공·수출

등을 통하여 어가(어가) 소득을 증대하기 위하여 영어조합법인(영어조합법인)을 설립할 수 있고, 영어조합법인은 법인으로 한다고 규정하면서 자연인인 어업인과 법인인 영어조합법인을 구분하고 있습니다.

또한 「농업·농촌 및 식품산업 기본법」 시행령 제4조에 의하면 "생산자단체"는 「농업협동조합법」에 따른 조합(이하 "농업협동조합"이라 한다) 및 그 중앙회, 「산림조합법」에 따른 산림조합(이하 "산림조합"이라 한다) 및 그 중앙회, 「엽연초생산협동조합법」에 따른 엽연초생산협동조합(이하 "엽연초생산협동조합"이라 한다) 및 그 중앙회, 기타 농산물을 공동으로 생산하거나 농산물을 생산하여 공동으로 판매 · 가공 또는 수출하기 위하여 농업인 5명 이상이 모여 결성한 법인격이 있는 전문생산자 조직으로서 농림수산식품부장관이 정하는 요건을 갖춘 단체를 말하고 있습니다.

따라서 「산지관리법」의 당해 조문 및 「임업 및 산촌 진흥촉진에 관한 법률」, 「농지법」, 「수산업법」, 「농업·농촌 및 식품산업 기본법」의 관련 조문을 볼 때 「산지관리법」상의 임업인에는 산림사업법인과 산림조합은 포함되지 않는다고 판단됩니다.

제1장
산림기술과 산업화

Forest,technology-industry

03_

산림기술법의 의미

산림기술진흥 및 관리에 관한 법률이 2017. 11. 28 제정되어 시행되고 있다. 필자가 시행령, 시행규칙 만드는 연구용역을 2018년 여름에 수행했다. 시행령 연구용역은 「산림기술법」의 주체인 기술사협회, 엔지니어링협회, 기능인협회, 산림사업법인의 각자의 의견 조율이 가능한 단체에서 수행하는 것이 좋다는 발주처의 의견에 따라 「농어업정책포럼」 산림분과 위원회에서 수행했다. 밤을 세워 토론하고 의견을 수렴하는 작업을 하면서 최선을 다했다고 생각했는데 안타까운 일들이 벌어진 것이다. 건설, 토목, 전기, 통신, 조경분야 등은 건설기술, 엔지니어링, 조경사업진흥법이 만들어져 자격관리, 업체관리, 안전관리 등의 업무를 하고 있었기에 우리 산림사업의 기술자들의 숙원 법이 만들어진 것으로도 개인적으로는 만족하고 있나.

이 법에는 산림기술의 연구개발, 산림사업의 품질 및 안전을 확보하고 산림기술자의 자격, 등록, 업체의 자격과 등록, 경력관리 등과 기술자의 모임 단체인 산림기술인회를 두는 법이다. 그러나 당초에 2014년 법 초안에 있었던 책임기술자의 서명날인, 공제조합, 국유림영림단, 산림사업법인, 원목생산업 등의 시공업을 산림기술법으로 이관하지 못한 반쪽 짜리 법으로 시행되는 것은 기술자의 한사람으로써 안타까울 뿐이다. 그러나 「산림기술법」은 많은 의미를 담고 있으며 우리 기술자들과 업체들의 권익보호와 체계적인 발전을 위한 기본법이다. 단순한 업체등록 및 책임기술자 배치기준만 정하는게 아니라는 것이다. 올해 필자는 시행규칙에서 위임한 교육, 기술기준, 기술평가, 대가기준개발, 기술진흥계획 등의 연구를 통해서 이 법이 단순한 자격, 업체관리를 위한 법이 아니고 더 큰 의미를 담고 있다는 생각을 했다.

첫째로 산림기술법은 산림기술, 산림기술용역업 시공업이라는 정의를 처음으로 했다. 우리는 산림기술을 말하지만 외부에서는 아무도 알아주지 못했다. 항상 건설, 엔지니어링 등에 종속되어 용역비를 받고 그 기술 기준에 의거 일을 했다. 사방, 임도, 숲가꾸기, 벌채기술 등이 비로소 고유 산림사업의 기술로 태어 난 것이다. 토목, 건설 등의 기술자들로부터 독립하는 근거가 되는 법인 것이다.

둘째로 국가가 산림기술진흥계획을 수립하고 계획적으로 예산을 동반한 교육, 연구개발사업, 시범사업 등을 체계적으로 할 수 있다는 것이다. 우리 분야 기술자격자는 자격을 취득하고 한번도 교육을 받지 않아도 되는 유일한 기술자격증이었다. 그러나 이제는 정책, 선진기술, 타분야 기술도입 등을 포함하는 교육프로그램을 개발하고 전문교육기관에서 의무적으로 기본교육과 전문교육을 받게 되었다. 현장 경험 기술을 개발하여도 아무런 육성대책과 기술개발지원 정책이 없었지만 이 법으로 연구결과를 현장 적용할 수 있는 기반 또한 마련된 것이다.

셋째로 산림기술시장의 체계성과 확장성을 확보 했다는 것이다. 이 법으로 산림사업의 용역업과 시공업이 분리되었고, 용역업도 세분화하여 전문화하였다. 특히 조경, 환경의 자격자를 「산림기술법」의 산림기술자로 인정하여 산림사업의 경쟁력을 강화 하고 관련기술과 협력체제를 구축하였다. 또한 산지관리법에 의한 산지복구, 산림복원, 도시림 등의 사업에서 자격기준과 기술자의 배치를 통하여 산림 기술시장의 영역을 확장하기도 했다. 산림사업법인은 통큰 결단으로 시공업에 전담하고 용역업무인 설계, 감리업무를 중단했다. 기술법에 의한 전문업에 등록하지 않고 산지복구설계, 감리업무를 못하게 되었다. 엄청난 결과이다.

〈 산림기술법 하위 법령 연구 용역 발표 〉

넷째로 우리기술자의 권익보호 및 업체들간의 공정한 경쟁력을 유도하고 산림기술을 아무나 할 수 있는 것으로 천시하는 풍조를 바꾸는 계기가 되었다. 기술자들이 억울한 일을 당해도 업체들간의 불공정한 사례가 있어도 어디에도 하소연 할 수 있는 곳이 없었다. 이제는 기술인회를 통하여 기술자들이 모이고 협회들이 모여 정정당당하게 산림기술자들의 품위유지 및 자질향상을 위한 사업을 할 수 있으며, 기술자의 복리증진, 기술의 홍보, 협력과 유대를 강화 할 수 있는 자리가 만들어진 것이다. 또한 각종사업에 대한 대가기준의 개발과 운용, 산림사업의 자체 품셈의 운용 등의 기반이 마련되어 개인 및 업체의 권익보호 및 정당한 대가와 사업비를 받을 수 있는 근거가 마련된 것이다.

마지막으로 기술법으로 산림기술자들도 임업활성화의 기반의 한축으로 우뚝선 자긍심이라 할 것이다. 산림정책에서 다른 주체와 달리 한번도 우대받거나 관심있는 정책에서 제외 되었으나, 이제는 임업발전에 산림기술이 기반이되는 시대를 맞이한 것이다. 부디 「산림기술법」이 현장의 목소리와 절실함을 담아 발전시키고 타 산업으로 종속되지 않도록 다 같이 노력하고 힘을 모아야 할 것이다. 우리나라 3만 산림기술자들이 잠실운동장에서 어느 가을날 모여 웃고, 즐기고 우리나라에 산림기술의 깃발을 날라는 날을 기대한다.

산림작업의 안정성을 위한 교육과 장비의 중요성 (2018. 일본)

제1장

산림기술과 산업화

Forest,technology-industry

04_ 기술기반의 산림경영

최근 「산림자원법」의 명칭을 "지속가능한 산림의 조성 및 경영에 관한 법률"로 개정하는 방향으로 가고 있는듯하다. 지금까지 산림은 관주도에 의거 관리되고 정책의 방향도 그렇다고 많은 사람들은 생각한다. 황폐한 산림에 나무를 심고 숲가꾸기를 하고 임도를 내고 사방을 하였다. 경영이라는 단어는 생각도 못하고 살았다. 학교에서 배운 생태경영, 지속가능한 경영은 책으로만 존재한 것이였다.

그런데 많은 변화가 있다. 얼마전 부터는 직불제, 산지은행, 임도의 확충 등 실제 산림경영의 기반사업에 관심을 집중되었다. 산은 누구나 언제든지 즐기거나 만날 수 있는 다수 국민을 위한 공간이였다. 산주들은 내 산으로 불특정 다수의 국민들에게 서비스만 하고 개인 재산으로서 가치없는 존재로 방치하는 결과를 초례하였다. 산림은 공익적 자원이지만 산주로서는 아무런 혜택이 없는 상태에서 경영은 어려운 것이 현실이다. 어떻게 하면 산주들을 산으로 오게하고 산에 열정을 불어 넣을 것인가 그것이 핵심인 것이다. 산주는 돈이 되고 어떤 절차로 산을 경영해야 하는지를 모른다.

최근 필자는 작은 임야를 매입하여 지황, 임황조사를 하고 주민들 의견을 모아 경영목표를 수립하고 경영계획서를 작성하여 인가 신청을 하였다. 그런데 작은 규모의 임야로서는 임도계획, 장래목표수종, 이용계획 등을 수립할 수 없었고 수익모델을 만들 수 없었다. 부득이 주변 산주의 연락처를 알아내어 연계한 계획을 수립하자고 제안 했지만 당장 정책을 이해시키고 경영기술을 설명하기에는 어려움이 있었다. 협업해서 같이 산을 경영하자고 했으나 나를 이해하지 못하겠다는 논리이고 정부자금을 타 내기위한 사기꾼 정도로 인식하였다. 그만큼 산림경영은 어렵고 장기간의 계획과 산주설득이 필요한것이다.

필자는 군락 단위의 오래된 동백나무숲을 복원하는 목표를 수립하고 직접 제거목을 선목하고 방해되는 대나무를 제거 하는 작업을 시작하였다. 그런데 일반 기계톱으로는 벌목이 어려웠고 특히 대나무 가지부의 부피가 커서 임내 존치가 어려워 파쇄기를 알아보았다.

〈 두미도 동백 복원 덩굴제거 〉

맞춤형 파쇄기 구입도 어려웠고 직접 제작하기는 더욱 어려운 실정이었다. 이 작은 2ha 산에 간벌 지원요청 사업도 어렵고 경영목표에 의한 사업기술은 있는데 기능인을 못구해 동네 이장님 아들을 기계톱 안전사항을 교육하여 작업을 시켰다. 소규모 산지에는 작업단 투입을 요청하기 어렵기 때문이였다. 매일 작업을 지시해야 하고 선목표시, 산물처리방법, 유류구입과 공급, 다음날 작업 지시 등등 너무나 힘든 일들이었다. 누가 산림을 경영할 수 있을까. 아무도 못 할것이라는게 결론이었다. 산을 소유하였기에 이 힘든 일들을 감내해야 하는 건가? 아무 소득없는 일에... 이 필자의 사례에서도 우리가 경영 활성화를 위해 실제 산림경영을 위한 현장 애로사항중 무엇을 해결해야 하는지를 알 수 있다. 소규모 산지 소유자를 위한 정책이 지속성있게 시행되어야 산림경영이 시작될 수 있다는 것이다.

먼저, 산을 논과 밭, 어장, 가축농장과 같이 경영의 대상으로 봐야한다. 주인없는 산이라고 누구나 이용해도 된다고 생각해서는 안된다. 누구나 이용할 것이라 당연 이용자 부담의 공익적 가치를 산주에게 돌려주어야 한다고 대다수의 국민의 생각을 바꾸 도록 하는 정책과 홍보가 필요하다.

둘째로 산주늘이 경영을 할 수 있도록 동기부여와 계기를 만들어 주어야한다. 경영플래너가 산주를 직접 찾아가야한다. 국가계획을 설명하고, 산에 대한 가치와 목표를 설명 해주어야한다. 지속적으로 산주와 플래너와 유대할 수 있는 프로그램 도입 정책이 필요하다. 먼저 산주가 산을 찾도록 산의 경영 가치를 알려줘야 한다. 작지만 산주에게 소득이 돌아가야 한다. 벌채를 해도, 제선충피해목을 팔아도, 도시공원으로 활용되어도 숲가꾸기산물을 팔아도 말이다. 농부가 논밭에 가서 잡초를 뽑고, 밭고랑을 파고 물고를 열듯이 그렇게 자율성이 보장되어야 한다. 이것이 경영기반의 시작이고 끝이다.

셋째로 내 산의 경영계획에서 다른 산과 연접하여 경영가능토록 산림경영의 주체를 다양화 해야 한다. 임업후계자가, 독림가가 아니어도 산림을 그 지역의 특성을 감안하여 주민들의 의향, 상황 등을 고려하여 의욕이 있는 사람이 경영할 수 있도록 해주어야 할 것이다.

산은 소유의 개념에서 경영의 개념으로 농지와 같은 개념으로 생각하고 법도 만들어야 할 것이다. 그 산주는 산림청에서 지원받는 경영전문 컨설팅업체의 도움으로 수종의 선택, 향후 시장상황, 판매전략, 보조사업 신청 등을 결정하고 기술적, 과학연구적 도움을 받을 수 있도록 하여야 한다. 컨설턴트는 정책, 기술 등에 지속적 교육을 받아 산주의 경영에 기반이 되도록 육성하고 관리되어야 한다.

넷째로 제도적 기반의 확충작업이다. 농업에 있는 농지법을 우리 임업에도 도입하면 될것같다. 산지의 구입은 경영을 위한 목적으로 한정하고 경영의사를 감안하여 산지를 경영전문업체 및 경영자에게 위탁할 수 있는 제도를 말하며 경영의사가 없으면 처분할 것을 명할 수 있도록 하는 법이 필요하다 할 것이다. 농업에 농지은행이 있듯이 우리 임업에 특화된 산지경영지원센터를 만들어 경영을 위한 산지를 규모화하고, 경영주체의 관리, 기술지원, 기술자 및 기능인의 공급 등의 업무를 하도록 해야 할 것이다.

다섯째로 기반시설과 기계화이다. 현재 우리는 산림경영의 규모화를 위해 선도육성단지, 위탁제도 등을 운영 중이다. 그것도 여러 가지 풀어야 할 일이 많지만 그대로 지원하고 운영해야 한다. 결국 규모화 함에 따른 임도, 사방 등의 기반시설이 구축되고 있으니 조금의 경영마인드을 고취시켜주고 수확기 및 육림기에 원가 절감을 위한 기계화를 지원해주면 될 것으로 본다.

마지막으로 산주, 컨설턴트, 산지경영지원센터 운영 등 경영의 자율권의 보장과 산림을 경영하겠다는 행정력의 강력한 의지가 필요하다. 산림경영은 금방 실적을 낼 수도 없는 실정이다. 산주가 경영의사가 강력하게 나올 때 적극적으로 지원하고, 형식적으로 산주를 규합하고 기반시설이나 해주는 방식으로는 안된다. 또 경영의사가 없는 산주를 위해서는 강력한 세제 및 과태료 조치를 할 수 있는 강한 행정력과 리더십이 필요하다는 것이다.

누군가는 시작해야 한다. 우리 임업도 농업과 같은 제도하에 경영중심으로 전환해야 하다. 경영에도 기술이 기반되어야 한다. 기술자와 산주가 자유롭게 만나고 성과를 내는 정책과 지원이 필요하다. 이제는 국가, 지자체, 산림조합만으로는 지역의 산림경영 계획과 사업의 실행은 어렵다. 다같이 협력하는 산림경영 시대를 만들어야 한다. 임업, 직불제가 시행되고, 산림분야 탄소중립계획이 확정되면 산주들은 분명히 버려두었던 산지를 경영 할 것이다. 그때를 대비하여 산림기술시장의 변화와 역할을 기대한다.

제1장
산림기술과 산업화

Forest,technology-industry

05_

산림기술법의 발전

「산림기술 진흥 및 관리에 관한 법률」은 2018년 11월 시행되었다. 법의 목적은 산림기술의 연구 개발을 촉진하고 산림기술자를 체계적으로 관리하여 산림기술 수준을 향상시켜 품질 및 안전을 확보하기 위함이다. 이 법에는 산림기술자를 정의하고 산림기술용역, 산림사업시행을 구분하여 명시하였다. 산림기술용역업자는 「기술사법」의 산림기술사사무소, 「엔지니어링산업진흥법」의 농림전문분야 엔지니어링사업자와 시행령에 녹지조경기술자가 설계 · 감리업무를 하도록 하였다. 또한, 새로운 용역업의 설립기준으로 등록해야 하고 업체와 기술자의 등급에 따른 업역을 구분토록 하였다. 용역업자의 등록관리는 산림청장이 하되 "한국산림기술인회"에 위탁하여 관리하고 있다.

산림사업시행업은 「산림조합법」의 산림조합, 「산림자원법」의 국유림영림단과 산림사업법인을 「목재이용법」의 원목생생산업자, 「도시숲법」의 도시림 시공법인업자가 할 수 있다. 이와 같이, 시행업은 각각의 개별법에서 등록 · 관리토록 되어 있고, 「산림기술법」으로 이관을 하지 못하고 있는 실정이다. 결국 시공업의 기술자들은 관련법에 의한 교육을 받고, 관리를 받지만 시행업의 실체는 각각의 법에 있고 관리는 시 · 도지사가 한다. 시행업의 「산림기술법」 이관을 통하여 품질관리 · 안전관리 · 교육 등 업체와 기술자 등의 통합관리가 필요한 실정이다. 이렇게 용역업과 시행업을 분리하여 관리하는 것은 산림분야 외는 없다. 또한, 용역업은 「산림기술법」에서 자격 및 등록기준이 정해져 있지만 「기술사법」, 「엔지니어링산업진흥법」 등에 이미 등록한 주체를 다시 등록하게 되어 있어 업체는 이중등록에 따른 행정적, 경제적인 낭비를 하고 있다. 또한 두 협회의 기술자들은 의무교육, 실적증명, 이력관리도 이중으로 받게 되는 문제점이 발생한다. 빠른 시일 내에 법령개정이 필요하다.

「산림기술법」이 시행되고 기술자와 업체의 불만이 많다. 규제만 있을 뿐 기술자와 업체에 아무런 혜택이 없기 때문이다. 결국 기술진흥은 없고 엄격한 관리만 있다는 것이다. 불만은 우리 실정에 맞지 않는 교육제도의 문제, 사업별 품질관리와 평가기준이 다르고, 다른 법에 의한 안전관리와 「산림기술법」의 안정성 분석, 안전점검제도의 차이점이 명확하지 않으며, 세부적 실행방법이 미흡함에 기인한다. 산림분야의 업체는 다른 분야에 비해 상대적으로 적은 대가기준으로 용역을 수행하고 있으며, 산림사업의 발주에서 적격심사제도 등의 불공정이 주요 불만사항일 것이다.

산림청은 이런 문제점을 해결 할 실마리를 지금부터라도 찾아야 한다. 법이 시행된 지 2년이 지났지만 여전히 법에 명시한 산림기술진흥계획을 확정 하지 못하고 있는게 현실이다. 최근 휴양림 · 치유숲 · 도시림 등의 대규모 산림사업에서 기본계획 · 설계 · 시공 · 감리용역의 산림분야의 업체들이 거의 배제되거나 입찰에 참여하여도 적격심사에서 좋은 점수를 받을 수 없다. 기술자의 경력관리 시스템의 부재가 원인이다.

최근 기후변화, 탄소중립, 그린뉴딜사업에서 산림자원을 활용한 방안이 대두되면서 그 주역은 산림기술 산업계가 되어야 한다는 목소리가 높다. 당초 산림사업보다 물량이 많아지고 새로운 기술이 도입되어야 지속성 있는 산림분야 그린뉴딜사업이 완성될 것이기 때문이다. 선진국의 경우 탄소중립 사업에서 가장 먼저 기술자 육성시책이 시행되었기 때문이다. 실현 가능한 계획수립 · 복합기술설계 · 공정 · 안전관리 · 환경관리 분야 등 대규모 산림사업의 시공기술과 제도 도입 등이 포함되는 뉴딜사업이 되어야 할 것이다. 이에 기술산업계도 기대가 크다. 현재 업체를 유지하기 어려울 만큼 사업량은 감소하였고, 수익률은 떨어지고 있기 때문이다. 이에 몇 가지 「산림기술법」과 관련하여 제언하고 개정 해야 될 사안들을 짚어 보기로 한다.

첫째, 산림기술의 범위의 확장이 필요하다. 「산림자원법」에 명시한 산림사업 외에 민간 산지복구관련업무, 컨설팅업무도 포함하고 사업의 타당성 및 품질 평가, 공정분석과 관리, 안정성분석과 안전점검, 임업기계장비운용 등의 업무를 포함하여야 한다. 또한, 산업으로 발전시킬 세부사항이 명시되고 누가 어떻게 할 것인가에 대한 제도적 뒷받침도 만들어져야 하며, 중요한 것은 시책으로 만들어 사업예산을 확보하여야 한다.

산지복구 등의 사업은 민간이 발주하는 경우가 많아 「산림기술법」에 적용을 명문화할 필요성이 있다. 산림사업별 타당성평가 및 품질평가 등의 업무는 산림기술법에서 통합하여 관리하여야 한다. 특히, 사업의 타당성평가와 사업계획 등은 다른 법에서도 용역사업자의 고유권한이므로 사업 추진의 연계성과 일관성 유지를 위해서라도 업역을 명문화해야 한다. 그래야 기술적용에 대한 책임소재를 명확히 하고 사업의 효율성을 높일 수 있기 때문이다.

둘째, 산림청 해당 부서에서 사업별 적용기준, 품셈, 평가기준 등을 각각 관리하고 있는 것은 산림기술 발전을 저해하고 있다. 지금은 사업별 각 행정부서별로 각각의 규정을 두고 업무를 수행하고 있어 실제 사업별 기술 수준을 알 수 없고 행정적, 경제적 낭비를 초래 하고 있는 실정이다.

특히, 이제는 산림분야의 다양한 기술을 융복합적으로 적용해야 하는 시대이므로 더욱 그렇다. 산림청은 산림사업통합품셈을 만들었으나 현장에 적용하지 못하고 있다. 빠른 시일내에 「산림기술법 시행규칙」에 따라 산림청장이 고시하여 시행해야 한다. 그래야 관련부서가 산림기술분야를 체계적으로 통합관리 할 수 있다. 또한, 기술산업 발전을 위하여 산림청 내 새롭게 확대된 기술산업을 위한 행정조직으로 확대해야 한다. 그리고, 산림사업의 품셈을 관리하는 품셈관리기관을 지정하여 매년 노임단가를 조사하고 새로운 기술을 공정화 할 수 있는 시스템을 도입해야 한다.

셋째, 현재 산림기술용역업의 업체가 1,200개, 시행업이 2,700개로써 3,900개의 업체가 영업을 하고 있다. 직원 수는 15,000여명이 종사하고 있다. 그러나, 용역업과 시행업을 합쳐 산업이라고 부르지 못하고 육성하지도 못하고 있는 실정이다. 당초 「산림기술법」은 타 분야의 「건설산업기본법」, 「건설기술진흥법」, 「엔지니어링산업진흥법」 등을 기반으로 만들어졌다. 그러나, 「산림기술법」에 〈산림기술산업〉이라는 정의를 하지 못했다. 이제라도 해야한다.

또한, 당초 법 초안에 있었던 기술자의 모든 숙원 사업인 〈공제조합〉도 새로이 법률 범주에 담아야 할 것이다. 2019년 산림기술연구원 연구에 의하면 공제조합의 설립을 위한 추진에는 문제가 없는 것으로 분석된 바 있다. 산림분야의 공제조합설립은 기술자들이 자긍심을 가지게 되고 업체에는 경제적, 시간적으로 엄청난 혜택으로 돌아간다. 반드시 추진해야 할 일 중에 하나이다. 또한, 공제조합은 우리 임업계의 자금이 타분야로 유출되는 것을 막아 산림기술자들이 산림기술법 시행의 혜택으로 받아 들일것이다.

넷째, 현재 시행중인 교육제도가 산림사업에 종사하는 기술자의 근무시기, 열악한 근무조건과 환경 등을 고려하지 못하고 있다. 기술자들은 교육을 받으면 뭔가 혜택이 있을 것이라 생각한다. 예를 들어 기술자의 등급의 승급이나 벌점의 상쇄, 우수기술자의 선발, 사업의 수주 심사 등에 가점으로 활용을 기대 했다. 그러나 아무것도 없다. 「산림기술법」 시행 후 교육제도의 미흡으로 기술자들의 요청에 의거 의무교육은 유예하는 과정을 거쳤다. 2021년 한해 거의 15,000명의 기술자들이 11월까지 교육을 받아야 한다. 교육기관은 기술인회, 산림조합, 엔지니어링협회 3개로서 코로나19로 인한 비대면 교육시스템과 플랫폼이 법에 의한 법정 교육을 받기에는 미흡한 상태이며, 가장 심각한 것은 산림기술자가 아직까지도 교육대상자인지 왜 교육을 받아야 하는 지를 모른다는 것이다. 산림청과 한국산림기술인회에서 기술자들에게 홍보가 부족했고 코로나19 등으로 2020년도 교육을 실행하지 못했기 때문이다. 또한, 산림사업법인, 기능인영림단은 봄, 가을에 주로 산림사업에 종사한다. 그런데, 교육프로그램은 비수기인 겨울과 여름에는 교육이 거의 없다. 하루 일당을 받는 기능인으로서는 도저히 교육을 받을 수 없는게 현실이다. 교육이 기능인과 업체에 엄청난 부담인 것을 감안한다면 최소한 기능인에게는 교육기간 동안 교육비 보조금이 지급되어야 한다. 생계형 일자리이기 때문이다.

교육장소 또한 특정 지역에 한정되어 있다. 전국적으로 교육장소가 많아져야하고 특정 교육장소만의 교육을 인정하는 제도는 개선되어야 한다. 각 협회들의 모임과 현장토론회 등에서 소규모로 현장에서 이루어지는 교육도 인정되어야 한다. 그러기 위해서는 교육기관을 관리하는 조직이 신설되어야 한다.

〈 산림기술 진흥계획 수립을 위한 의견수렴 〉

마지막으로 산림기술은 지금까지 천대 받아 왔다. 「산림기본법」의 〈산림기술진흥〉과 자원법의 〈산림기술개발〉 등의 법령과 제도에서 실제 기술자, 업체에게 지원되거나 육성되는 사례는 거의 없으며, 선진국의 임업기술도입과 타분야 융복합기술의 접목 또한 우리 산림기술산업계 현장에서는 그림에 떡이었다. 새로운 기술의 시범사업 또한 없었다. 산림기술법에 의한 산림기술개발전문기관으로 지정받고도 아무런 법적 지위와 혜택은 없는 생계위협을 받고 있는 것이 산림기술인회 연구원의 현실이다.

기술계의 업체들은 기술자를 보유하고 있음에도 산림경영의 주체로 나서지 못했고, 사업체를 규모화하고 자체 연구개발과 우수인력을 선발육성할 수 있도록 업체에 장비와 기계 지원제도도 없었다. 설계심사에는 우리의 품셈이 있음에도 다른분야 기술자들이 건설품셈의 잣대로 우리기술을 깎아 없애고 천시하는 일을 매일 겪어야 했고 「산림기술법」은 우리 자존심을 지켜주지 못했다.

「산림기술법」이 이제는 달라져야 하고, 바뀌어야 한다. 2050탄소중립을 위해 30억 그루의 나무를 심기 위해서는 새로운 기술자들이 더 많이 체계적으로 양성되어야 한다. 새로운 벌채기술, 작업장의 개발기술, 임업기계도입과 활용기술, 부산물의 수집기술 등의 전문기술자들이 필요하다. 또한, 새로운 계획수립기술자, 컨설팅기술자 등 산주와 산림경영에 기반이 되는 신개념의 기술도입이 필요한 실정이나, 지금의 「산림기술법」과 기술관련 정책, 예산으로는 어려운 게 사실이다. 탄소중립을 선언한 지금 모두가 새로운 산림기술분야 활성화를 기대한다. 그러나, 현실적으로 현장에서 이루어지지 못하고 계획으로만 끝난다면 모든 국민이 우리를 원망할 것이다. 전국의 3만여명의 기술자들이 같이 힘을 합 해야 할 것이다. 부디 「산림기술법」이 산림기술산업의 새로운 길을 열어 어려운 우리 임업과 기술산업의 초석이 되는 법으로 개정되었으면 하는 바램이다.

산림기술자 단체는 제1회 나무심기 행사를 탄소흡수원 홍보를 위해 남해편백휴양림 인근에서 실시 (2021)

제1장 산림기술과 산업화

Forest.technology-industry

INSIDE

06_

산림분야탄소 중립정책의 확대

- 산림청을 산림부로

지난 4월 22일 일부 환경단체와 언론은 '지구의 날'을 맞아 산림청이 탄소 중립을 명목으로 추진하는 전 국토의 30년 이상 된 숲을 벌목하는 대규모 벌목정책에 대해 비판한 성명과 보도가 있었다. 산림청이 홍보한 33억 그루 나무 심기계획을 전면 재검토 하고 벌채예정지 및 목재 판매 회사의 정보 등을 공개 요청한 상황이다. 환경단체의 성명서를 보고 '환경 및 시민단체와 산림청의 정책이 이렇게까지 소통과 공감이 안될까'라는 생각이 먼저 들었다. 이는 참 안타까운 현실이다. 분명 산림청의 탄소중립 정책에는 벌목사업만 있는 것이 아니다. 숲 가꾸기 사업, 경제림조성사업, 나이가 많고 경제성이 없는 수종교체 사업, 도시 숲 조성 등의 사업들이 있는데 말이다. 유독 '무분별한 벌목'이라는 단어만 내세워 산림청의 정책을 비판하는 것 같아 산림분야 종사자의 한 사람으로서 성명서의 내용과 우리 임업의 현실을 감안하여 몇 가지 발전방향을 제시하고자 한다.

먼저 산림은 생태 · 환경만을 위한 전유물이 아니다. 「산림자원법」제1조에도 산림은 '사회 · 경제 · 문화 등 다양한 분야의 기능을 발휘' 하도록 하는 것이고 산림자원은 '국가경제와 국민생활에 유용한 것'을 말한다. 또한 산림은 궁극적으로 산주의 경영 대상이기도 하다. 그냥 생태, 경관, 환경에만 국한되지 않는다는 것이다. 우리나라는 지금까지 218만 명 산주의 산림경영을 최소화하고 공익적 기능을 중시한 정책에 집중했다. 산림청은 「산림자원법」에 전국의 산림을 수원함양기능 산림재해방지, 산림휴양, 생활환경 보전기능으로 주로 공익적 기능에 치중했다. 산주의 실질적인 경영목적 달성이 가능한 기능은 목재생산기능만 두고 있는 것만 봐도 그렇다. 쉽게 말하면 엄격히 무분별한 벌채는 제한하고 있다.

우리나라 전체 산림면적은 630만ha 정도이다. 그중에서도 국립공원, 도립공원, 문화재 구역, 보호림과 경사지, 도시지역, 나무운반이 불가능한 지역 등을 제외하면 산림청은 경제림으로 육성할 수 있는 면적을 176만ha(27.9%)정도로 설정하고 있다. 이번에 벌목을 하고 나무를 심겠다고 하는 대상지도 이 지역에 집중할 것으로 보여진다.

최근 환경단체와 언론에서 말하는 전국의 모든 산림을 대상지로 벌목하겠다는 취지는 분명 아닐 것이다. 또한 산림청이 2050년까지 30억 그루의 나무를 심어 탄소 3,400톤을 흡수한다는 추진전략 목표는 면적으로 환산하면 10만ha~20만ha 정도로 추정된다. 우리나라 산림면적의 2.3% 정도며, 경제림육성단지 면적의 8.5%다. 그것도 30년간 한다면 매년 5천ha 정도다. 현재 산림청은 거의 매년 2만ha 정도를 조림하고 있는 것을 보면 25% 정도 늘리겠다는 것으로 분석된다. 임업인들이 보기에는 턱없이 부족한 사업량으로 보인다. 개인적으로는 우리나라 산림 전체를 탄소중립을 위한 대상지로 해야 한다는 것이다.

최근 환경단체와 언론에서는 이러한 우리나라 산림현황과 임업경영 실태를 감안하지 않고, 너무나 과장되고 왜곡된 분석을 하고 있는 듯하여 마음이 쓰라리다. 산림청 입장에서는 제1 · 2차 치산녹화 기간에 조림된 면적이 200백만ha이고, 4영급(40년 이상된 나무)이상의 산림은 72% 정도로 자라서 영급을 반드시 조정해야하며, 침체된 임산업 부흥, 산촌의 활성화와 지속가능한 일자리 창출 등의 책무를 감안하면 소극적 목표를 설정하여 발표한 것으로 보이기 때문이다.

우리나라 목재자급률은 2019년 기준으로 16.6% 정도다. 목재자급률을 높이기 위한 사업으로 산림청은 2013년부터 2019년까지 벌채 및 조림사업을 시행하고 있다. 그러나 벌채사업 면적은 22천ha~24천ha로 7년간 변화가 없고, 숲가꾸기 사업은 2013년부터 점차 줄어 2019년에는 186천ha로 반토막 난 상태다. 그만큼 사업 실행과 예산 확보가 어렵다는 반증이다.

산에서 나무가 내려오지 못하고 있다. 산림부산물도 수입하여 발전소에 공급하는 상황이 발생하였고, 건축용 목재와 합판 등을 만드는 수요는 줄어 국내산 목재 가격을 하락해 어렵게 양성한 산림사업의 3,600여개 전문업체와 2만 명의 산림기술자는 생계의 위협을 느끼고 있는 악순환이 반복되는 실정이다. 원인으로는 사유림 비율이 높고 소규모이며, 경영 의사가 없는 부재 산주, 산지 경사는 심하고 반출 도로가 부족하며, 기계화 도입이 미흡하기 때문이다. 이 모든 것들은 짧은 기간에 해결될 문제는 아니기에 탄소중립 사업으로 지속적 반영하여 실행하고자 하는 것이다. 이러한 실태를 개선하지 못하면 우리 산림은 산림재해 등에서도 점차 불리한 조건이 될 것이며, 산주는 경영을 포기할 수밖에 없는 지경이 되어 다시는 산림부흥을 통해서 국가와 국민에게 이 시대가 요구하는 탄소중립에 기여할 수 없는 산림으로 버려질 것을 알기에 산림종사자의 한 사람으로서 환경단체에 논리에 분개를 느낀다.

가까운 나라 일본은 2005년 효력이 발생된 교토의정서 계기로 적극적으로 법율 제정하고 정책에 반영하여 실행 중이다. 일본은 산림자원을 이용하여 탄소삭감 의무의 6% 중 3.8%를 탄소흡수원으로 충당하는 계획을 수립하고, 2008년 특별법을 제정하여 간벌사업을 기존 사업대비 60% 확대하여 예산을 집중투입하고 있다. 이 사업을 추진하기 위해 「임업노동력의 확보 촉진법」, 공공건축물 등에 「국산목재 이용촉진법」을 통하여 산림자원을 이용한 탄소흡수원 능력을 강화하고 있다. 주요 사업으로 간벌사업과 갱신(벌채)사업으로 정확한 탄소의 흡수량을 계산하고 관리하며, 조례를 통하여 생산된 산물을 적극적으로 이용하여 탄소 흡수 노력 및 대국민 홍보를 확대하고 있다. 또한 고용창출을 통하여 산촌진흥을 만들어가며 제2의 산림 르네상스 정책을 추진하고 있는 것이다. 우리는 일본처럼 미리 준비하지 못한건 사실이다. 이제라도 산림청은 '30억 그루의 나무를 심는다'는 상징적인 정책발표의 근거를 명확히 하고, 부족하다면 사례와 연구를 통해 제시하면 된다. 환경단체의 목소리에 정책이 축소되거나 위축되면 안된다.

〈 산림분야 탄소중립 민 · 관협의회 회의 〉

먼저 산림청은 국민, 산주, 기업, 행정, 시민단체 등의 파트너쉽이 중요하다. 산림자원의 순환 관계를 명확히 설명하고 이해시키는 사전 정책의 홍보가 필요하다.

둘째, 전략과 계획이 구체적으로 명시될 필요가 있다. 소유구조가 영세한 사유림을 규모화하는 방안, 목재와 부산물 등의 생산 비용을 줄이는 방안, 나무심기 대상지에 대한 선정 등이 될 것이다. 대상지는 경제림 단지로 한정하면 안된다. 전국의 산림을 대상으로 해야한다. 도시주변 산림, 마을주변, 경제림이 아닌 산림도 포함해야 한다. 경제림 만 한다면 사유림 416만ha는 다수 누락 될 것이다.

셋째, 역할의 분담이 중요하다. 산림청은 기본지침 책정 의무와 중앙 부서

협의, 국고보조금 확보 등을 맡아야 한다. 필요하다면 특별법을 만들어 추진해야 한다. 중앙 부서 협의 대상은 특히 환경, 국방, 국토부 등이다. 또한 사업이 가능하도록 광역 지방정부는 기본방침의 수립과 지방예산 의무를 책임지고, 기초단체는 세부계획수립과 시행을 담당하고 지역의 산주, 분야별 전문가, 업체, 지역주민, 시민 · 환경단체의 협력체에 의한 사업의 공동화 및 합리화가 중요하다.

정부는 지난 4월 27일 '2050 탄소중립' 비전달성을 위한 대통령 직속 탄소중립 위원회가 법적 절차를 마무리하고 출범했다. 그러나 위원회 주무부서에 산림청은 빠져있다. 물론, 농림축산식품부 장관이 포함되어 있으나 산림분야의 실태와 의견반영이 어려울 것이다. 이제는 선택의 여지가 없어 보인다. 이번 기회에 '산림처' 또는 '산림부'로 승격시켜 주도적으로 참여하게 해야한다. 미래세대에게 깨끗하고 안전한 산림을 물려주고 전 국민이 산림에서 휴식하고 자원을 이용하는 공감대가 필요한 시기다.

제1장

산림기술과 산업화

Forest,technology-industry

INSIDE

07_

임업의 마지막 기회

환경운동연합은 4월22일 “지구의 날”을 맞아 산림청의 2050 탄소중립 산림분야 추진 전략을 정면으로 비판하고 수정을 요구했다. 일부 대학교수, 종교단체와 언론에서 가세하자 벌채 반대 논란으로 번저 임업계의 큰 이슈화가 되었다. 사실 산림청이 2020년 K-Forest 한국형 뉴딜정책과 2021년 30억그루 나무심기 계획를 발표하고 임업계에서도 많은 걱정을 했다. 여러 산림 전문가들은 임업의 큰틀의 변화가 없고 국민들이 이해를 할 수 있을까? 우려를 표시한 것이다. 산림뉴딜 정책은 임업 현실을 반영 하지 못하는 디지털, ICT기반, 스마트 임업등으로 추진이 용이한 과제들로만 있는듯하고, 30억 그루 나무심기 사업은 기존 나무를 벌채하고 재조림을 하겠다는 것으로 환경단체의 반발과 산주 설득이 우려된 상태 였나. 실제 나무심기를 어디에, 어떻게 심을지에 대한 세부정책은 없는 듯 하고, 특히 탄소흡수원으로서 간벌 보다는 벌채 정책을 메인으로 발표하여 환경단체, 국회, 언론에서 더욱 설득력을 잃어 버려 벌채 반대 논란에 벗어나지 못하고 있는 것이다.

가까운 일본의 경우 교토의정서 발효후 10년정도의 기간에 제도정비와 국민적 공감대를 형성하여 탄소흡수원인 간벌 정책으로 임산업 활성화를 성공시키고 있는 것과 비교하면 너무나 쉽게 산림청은 탄소중립 정책을 발표 한 듯 보인다. 산림청의 정책이 논리적이고 실현 가능하다고 해도 국민의 눈 높이를 감안한 정책의 홍보가 부족했다는 것은 분명 해보인다.

최근 벌채 논란의 주요 쟁점은 벌기령의 문제, 대규모의 벌채, 산사태와 재해, 친환경벌체 규정 적용 문제, 벌채사업의 제도등 다양한다. 더욱 심각한 것은 산림청의 계획의 30억 그루 나무심기 사업의 논란은 탄소흡수(ing)와 탄소저장(end)의 개념 혼란이다. 산림청은 과학적 근거와 실증적 근거를 정확히 제시 하지 않아 더 혼란을 야기 시켰다는 것이다. 또한 목표치가 적정한지 실현 가능한지를 한번 더 검토되어야 한다.

최근 국회 농해수위의 현안 질의에서는 집중적으로 산림청의 탄소 중립정책과 벌채에 대하여 질의가 이어졌다, 그러나 국회의원도 산림청도 국민의 눈높이에서 설명할 수 있는 자료를 내놓지 못했다. 안타까운 일이다. 또한 벌채 논란으로 구성된 환경부, 산림청의 민간협의회 위원으로 참석한 1차 회의에서조차 모든 위원들이 정확한 산림분야 탄소중립 정책의 개념과 임업의 현실을 이해 하지 못하는 듯 했다. 정책 설명과 홍보가 부족하다는 증거이다. 특히 환경단체 분들은 산림청의 정책의 큰 틀과 명백한 사실조차 이해 하지 않을려는 것 처럼보였다. 예를 들면

"산림청은 늙은 나무를 베는것? 17세 청년을 왜 벌채하는가?"(2021.4.23 김종대 뉴스업)

큰 나무는 많은 탄소를 축적하고 있는 것은 맞지만, 탄소흡수량은 단위면적당 상대적으로 감소하는 것은 정설임에도 국제기구가 인정한 메카니즘을 부정하고 있는 것이다. 탄소 흡수에 방점이 있는 산림청 30억 그루 나무심기 정책은 산림분야 사람들은 문제가 없는 듯 보인다. 그러나 일반 국민들도 문제가 없을까? 걱정이다. "탄소덩어리인 숲을 벌채하면 안된다"는 00교수님의 논리도 맞는 말씀이다. 누가 옳은지 아직 논란은 계속되고 있다.

사실 벌채한 나무를 건축재등에 활용하지 않고, 그냥 태워버리면 교수님의 논리가 맞고, 벌채를 최소화 해야 한다. 하지만 산림을 관리하지 않고 가만히

두면 임지에 죽은 나무에서 탄소가 배출되는 것은 당연한 논리인데.. 부산물을 수집해서 미이용 바이오메스로 이용하면 임지에서 썩어 탄소를 발생시키는 대신 에너지도 얻고 천천히 탄소를 배출하게 되는 간단한 논리도 서로가 다르게 해석하며 싸우는 것이다. 최근 산림청의 정책은 나무가 탄소의 덩어리이므로 "벌채 후 활용을 반드시 해야 한다 아님 최대한 활용할거다"는 전제 조건이 내포되어 있는 정책으로 이해 해야한다. 결론적으로 벌채 부산물을 우수한 생산기술로 탄소 덩어리를 산지에 버리지 않고, 수집할 것인지에 대응이 필요하고, 산림청은 그것을 실행 할 수 있는 제도, 기술을 가지고 국민들을 설득할 수 있어야 이 논쟁은 끝이 난다 할 수 있다.

"산림청이 벌채로 저지른 엄청난 사건 국민생명을 위협한다."(2021.5.14 오마이뉴스)

벌채 작업시 작업도, 임업기계 진입로, 벌목한 나무를 끌고내려온 자리등에서 일시에 집중호우 시 토사유출량이 증가하고, 체계적인 배수 시스템이 작동하지 못할 경우 산사태 등의 유발 원인이 될 수도 있다. 또한 벌채, 간벌 후 간벌목 및 가지류등은 산지에 산포 할때 계곡부로 유입되어 유수의 흐름을 방해하고, 계곡의 수위를 높여 토석류 피해의 원인이 될 수도 있다. 과학적으로 규명한 사실이며 누구도 부인하지 않는다. 그러나 인공으로 조성된 산림을 간벌등을 통하여 관리하지 않아도 심각한 산사태를 유발한다. 관리되지 않는 숲은 하층에 다양한 층위의 숲이 없어 황폐지와 같고, 집중호우 시 토사유출과 산사태의 원인이된다.

벌채 작업도는 계획단계부터 기술적으로 접근하고, 토사침식 및 유출에 대한 대응을 할 경우 문제될 것이 없다는 것이 연구의 결과인 것으로 안다. 또한 2020년 전국의 벌채지를 모니터링한 결과, 산사태와 연관성 있는 대상지는 거의 없었다. 더 큰 문제는 벌채에 대한 인식이 부정적이고, 과도한 벌채 규제로 인하여 벌채의 경제성 및 효율성이 떨어지며, 수익을 극대화 하기 어려운 벌채지의 규모이다. 소규모 대상지는 이러한 재해 방지 시설을 하고 벌목 할 수 없다는 것이 더 큰 문제인 것이다. 벌채사업의 계획을 정밀하게 수립하고 작업도, 임도, 기계진입등의 대응방안을 수립하기 위해서는 벌채 대상지의 규모화의 필요성이 검토되어야 한다는 것이다. 그러나 최근 벌채 제도개선 방안에 규모를 줄이는 심각한 상황이다. 벌채규모가 1–3ha 정도일때 우드그랩을 이용한 산털이식 산물수집은 환경단체 등의 우려를 불식시킬 수 없을 것이다. 벌채 시 작업도 개설 계획을 수립하고, 기계투입 종류, 산물활용 방안, 재해대책 등의 작업장 개발계획을 기술적으로 수립하여 실행해야 한다는 것이다. 이에 소요되는 비용은 산주 및 원목생산자의 부담을 줄여주는 방안으로 국비, 지방비 지원도 검토되어야 한다.

벌채사업은 산림의 모든 분야의 기술이 총 동원되야 하는 종합 기술임을 분명히 알아야한다. 산림청은 산림에서 간벌과 벌채사업에서 산사태와의 연관성을 명확히 발표해야 한다. 간벌한 지역에서 산사태에 안정성과 벌채가 없는 노령 림에서 산사태 등에 얼마나 취약한지 전국민을 상대로 한 홍보가 필요하다. 일본은 지하철역 앞에서 시민들이 간벌을 촉진하여 산사태를 예방하자는 홍보물을 배부 하는 것을 잊지 말아야 한다.

“ 탈원전 문정부, 멀쩡한 산을 밀어 버렸다.” (2021.5.13 조선일보)

이 벌채의 논란은 정치적으로 해석되거나 확대 되어서는 안된다, 산림자원을 이용한 에너지의 이용은 세계적인 추세이고, 불변의 진리이다. 홍천 벌채지의 경우 멀쩡한 산을 밀어 버린 것은 아니다. 이유가 있다는 것이다. 바로 소나무재선충병의 위협이다. 전국적으로 소나무재선충병이 아직도 번성하고 대상수종은 소나무류와 잣나무류이다. 최근 벌채와 관련 언론 사진은 재선충피해지역이거나 또한 동해안, 홍천, 안동 등에는 대규모 산불지의 벌채였다. 재선충지

〈 홍천 벌채 논란 현장 조사와 토론회 〉

역의 잣나무는 거의 큰 나무들이고, 최대한 원목을 활용하기 위하여 벌채를 할 수 밖에 없다. 원목은 대량 훈증과 현장가공 제재를 통하여 활용하자는 취지이다. 사실 최근 홍천, 인제, 안동 지역의 산불피해지 벌채후 조림지를 방문한 전문가인 필자도 일반 벌채지와 구별이 어려웠다. 산림청의 홍보대응이 필요하다. 산지의 훼손 없고 산물의 정리도 깨끗했다. 소나무재선충병 감염구역 내 대규모 벌채보다는 선단지 앞쪽의 벌채지를 확대하여 수확을 하는것으로 정책을 바꾸어 보면 어떨까? 산림청은 소나무재선충병 제어를 위한 벌채와 재선충지역의 산불피해지 입목 활용방안이 적극적으로 실행될 수 있도록 유연한 시책을 내놓아야 한다. 너무 소극적이다.

이번 KBS방송 〈시자직격〉 "벌거숭이산의 진실, 우리만 몰랐다"

방송을 보고 일반인들은 산림청의 정책을 더욱 불신하고 정치인들도 산림청의 벌채 정책을 이해 못하는 실정이다. 큰일입니다 새로운 판을 짜는 계기가 되어야 한다. 그리고 그렇게 해야 한다. 산림청은 차분히 벌채사업의 내부적인 문제를 해결 해야 한다, 그래야 떳떳하게 국민에게 벌채 당위성을 이야기 할 수 있을 것이다. 국회 농해수위에서 이야기 하는 관습적인 벌채를 해왔다는 지적에 필자도 부분적으로 동의 한다. 탄소중립정책의 원활한 실행을 위해서는 벌채산업의 전반적인 점검과 제도개선을 해야 한다고 본다. 벌채는 지속되어야 하기 때문이다.

1) 벌채실행 계획이 필요 하다. 규모에 따른 설계, 감리제도가 도입되어야 한다. 산주의 부담을 감안하면 국비의 지원이 필요하다. 벌채 종합계획은 경관, 재해, 생태 등을 고려함으로 공익적인 기능 활성화 및 증진의 목적이 있으므로 자금 지원은 당연한 것이다.

벌채사업에서 기술법의 설계, 감리제도는 현재 무명무실한 제도이다. 벌채는 전국에서 같은 시기에 동시 일어난다. 한 두명의 시군 행정 인력으로 벌채사업을 관리 할 수 없다. 사업이 일시에 집중되기 때문이다. 또한 벌채사업의 타당성평가, 사업평가 등의 업무도 민간 전문업체와 시민단체 등으로 점차 이관해야 한다.

2) 벌채 사업지를 규모화 해야 한다. 벌채를 많이 하지는 것이 아니다. 벌채 사업자가 규모화 되어야 계획수립을 할 수 있고, 비용을 줄이고 친환경 벌채도 재해대응도 경관도 살릴 수 있다.

산림청은 30억 그루 나무심기를 경제림 육성단지에서 한다고 한다. 그런데 경제림육성단지 내 산주의 의사를 반영한 것인가? 의구심이 든다. 일방적인 단지 지정이 아닌 산주를 설득할 수 있고 참여가 가능한 정책, 기술적 접근이 고려되어야 한다. 경제림육성단지 내 산주의 동의 없이 벌채와 간벌은 쉽지 않기 때문이다. 빠른 시일 내 경제림육성단지의 산주에게 경영계획을 세부적으로 수립하여 경영방안을 설명하고 동의를 끌어 내야 한다는 것이다. 이 곳에 예산의 지원과 기술자 양성, 기계도입, 임도가 만들어 져야 한다. 기술법의 업체를 적극적으로 활용해야 한다는 것이다.

3) 벌채 사업에서 간벌사업(숲가꾸기)을 확대하고 대상지를 도시, 생활권, 목재생산지등으로 시행하고, 시민운동화 하여야 하며 산주에게는 간벌 보상금을 지급해야 활성화 된다.

4) 미이용바이오매스 정의, 반출, 수량산정 및 검정 절차와 이행방안을 확정해서 발표해야 한다. 또한 운반 등의 제도 및 기술을 확정해야 한다. 아직 까지 미이용 바이오메스의 생산과 이용까지의 이력과 수량검증이 불분명하다. 그에 따른 혼란은 아주 큰 문제이다. 최근 환경단체에서는 REC 가중치를 폐지 하라고 한다. 아무도 문제 제기를 하지 않고 있다. 과연 미이용으로 분류된 벌채 부산물, 재선충 피해목, 산지전용 내 입목, 간벌목 등에 일반 벌채목이 혼합되지는 않는지? 산지선용지 폐기물대상 입목의 수량이 실제 얼마나 당초 수량과 차이가 나는지? 미이용바이오매스의 현장에서 검측하는 방법은 일정하고 정확한지? 등의 문제점을 해결해야 한다. 그래서 필자는 REC 가중치를 당장 상향하는 것을 이러한 제도적, 기술적으로 보완 후 시행하자는 것에 한표를 주고 싶다.

5) 불량림에 대한 수종갱신지의 대상지를 타당성있게 지정 관리해야 한다. 벌채 대상지를 안정적으로 확보해야 하기 때문이다. 벌채 대상지의 선정을 위한 타당성 분석이 필요하다. 기술적, 시장성을 감안한 불량림 수종갱신지를 확정하는데 제도적 뒷받침이 필요하다. 그래야 목재수급과 조림계획이 완성될 수 있기 때문이다. 산주동의가 선행되어야 한다는 것이다.

6) 국가는 소나무재선충병의 관리를 철저히 해야 한다. 국가 선단지를 지정

하고 소나무재선충병에 의한 산주의 피해를 최소화 해야 한다. 최근 이슈화된 홍천의 벌채지 경우에도 산림청이 재선충병 선단지 앞 벌채 장려지역으로 설정하여 계획적으로 관리하면서 벌채를 했다면 얼마나 명분있는 벌채였을까? 너무나 안타깝다.

탄소중립 경영을 위해서 소나무재선충병은 반드시 종식해야 한다. 아무것도 못한다 임업인이 산림경영이 가능토록 재선충 방제 지침의 과감한 수정과 방제 전략 수정과 실천이 중요하다.

7) 현재의 산림자원법, 목재법, 탄소법 등으로는 현재의 벌채 사업을 통한 탄소중립 계획을 실행할 수 없다. 간벌사업 또한 사업을 확대할 수 없다. 한시적 특별법이 필요해 보인다. 사유림의 규모화, 새로운 개념의 경영계획, 임도의 확대 개설, 임도기계 도입, 부산물의 수집확대와 활용, 국산재 활용확대, 인력양성이 되어야 하는데 지금의 법으로는 한계가 있다는 것이다.

가장 중요한 것은 충분한 예산의 확보가 되어야 한다. 그래서 특별법이 만들어져야 한다는 것이다. 일본의 사례를 충분히 이해해야 한다. 탄소중립을 위한 산림분야의 역할 확대를 위해서 국세, 지방세를 확보할 수 있고, 국민들의 공감대를 형성 해야 한다.

8) 산림경영의 기반은 기술과 기술자의 기반이 되어야 한다. 벌채의 주체인 원목생산업, 산림사업법인, 산림조합의 벌채관련 업체의 자격기준을 엄격히 하고, 기술교육을 강화할 필요가 있다. 현재의 등록 자격은 사실 너무나 허술하여 외부에 공개하기가 부끄럽다. 또한 원목생산업에 종사하는 기술자 및 직원들의 기본교육 및 전문기술교육 프로그램을 만들고 의무 교육을 실행 해야 한다. 물론 벌채 작업장에 대한 안전점검 및 안전관

리도 필요하다. 그렇게 하기위해서는 벌채와 관련된 업체와 기술자의 관리를 「산림자원법」에서 「산림기술법」으로 이관해야 한다.

9) 벌채 국고지원 비용을 줄이는 방안을 모색해야 한다. 벌채 후 재조림 비용 (정리작업)절감을 위한 벌채 업체가 정리작업이 가능토록 제도 개선이 필요하다. 또한 전문가에 대한 작업장 계발계획의 수립 또한 필요하며 민간업체에도 임업기계를 지원해야 한다. 현재 현장에서 이용하고 있는 자체 제작 기계의 공정조사와 인정제도의 도입도 시급하다. 반출 비용을 줄일 수 있도록 임도의 종류를 다양하게 하고 지역 및 현장 특성, 사용할 임업기계을 감안한 임도가 만들어 져야 한다는 것이다.

이제 산림분야에서도 환경단체, 일부언론, 전문가가 이야기하는 충고를 엄격히 받아들여야 한다. 그것의 첫 단추는 우리 내부의 제도 개선과 각오를 새롭게 하고 실천 해야 한다. 우리도 차분히 뭐가 잘못되었는지? 마구잡이 대응보다는 더 큰 임업미래를 위해 처음부터 준비를 해야 한다. 지금이 우리 미래의 임업을 위한 마지막 기회임을 알아야 한다.

제1장
산림기술과 산업화

Forest,technology-industry

08_

목재 생산업 발전

최근 1970년대 이후 조성된 산림자원을 생산 · 이용하고 재조림해야하는 시대로 접어들었다. 또한, 산림자원 재순환정책과 산림목재 부산물 바이오매스 활용이 화두로 떠오르면서 목재생산업의 중요성과 역할이 대두 되고 있다. 우리 임업의 사활이 걸린 이때 가장 중심에 있는 주체가 원목을 생산하는 원목생산자일 것이다. 그러나 대외적 여건은 그렇게 낙관적이지 않다. 국산재의 가격이 안정적이지 못하고, 목재생산업이 우리 임업의 활성화에 중요한 기반 산업임에도 기반구축을 위한 제도와 벌채업에 대한 국민들의 인식이 아직도 부족한 실정이기 때문이다.

목재생산업은 순수 민간업무로만 산림정책이 계획되고 운영되어 원목을 생산하는 기반시설인 임업기계지원의 어려움, 임도진입로 문제를 포함한 주민들의 잦은 민원야기로 인한 수익성 저하, 벌채지 조림 예정지 정리작업에서 효율적인 업역 갈등문제 등이 아직 미해결 과제로 있다.

여러 지표들도 어려움을 나타내고 있는데, 원목생산액 전망은 2021년까지 감소할 것이라는 전망이 나왔다. 2019년 원목 생산액은 REC 가중치 상향 정책으로 인해, 목재팰릿 수요가 증가할 것으로 기대되어, 공급량은 전년 대비 1.4% 증가한 것으로 추정했다. 또한 2023년에는 보드용재 수요 감소로 4,980억원으로 다시 감소세로 들어설 것으로 추정이 되었기 때문이다. 우리나라 산림은 현재 4영급 이상으로 목재수확 시기가 도래 했음에도 불구하고, 목재생산업 사업량이 크게 증가되지 않고 있다. 또한 원목생산업의 상시 근로자 수 추이를 보면 2014년도를 정점으로 점차 감소하고 있어, 시장의 안정적 사업량의 확보와 공급처 다변화를 통한 국산 목재 및 부산물의 수요처확보와 수익성 제고 방안이 시급히 마련되어야 할 것으로 보인다.

〈 전형적인 우드그랩에 의한 벌채 산물수집 〉

2018년 산림기술법이 시행됨에 따라 원목생산자협회는 시행령 제7조에 의거 교육훈련 및 기술자, 기능인의 관리를 받아야 한다. 2020년 산림기술인회 분회를 가입하여 새로운 활성화를 기대하고 있다. 원목생산자협회는 업체가 2,212개 활동을 하고 있으나 가입율은 405개업체 18%로 여러 협회 중 가장 저조한 실정이다. 이러한 여건 속에서도 원목생산업의 미래 성장 동력은 충분하다 할 것이다. 가까운 일본의 경우 임업 활동 중에서 육림업, 가공업은 쇠퇴하나, 목재생산업은 증가하고 있고, 우리나라도 산림자원재순환의 정책의 한 축으로 목재생산업의 중요성을 누구나 인지하고 있기 때문이다. 이에 몇가지 제언을 통하여 목재생산업의 기반구축과 업체의 활성화 방안을 제시 한다.

〈 효율성이 떨러지는 임내차 〉

첫째, 뭉쳐야 하고 깨어있어야 한다는 것이다. 원목생산업에 종사하는 업체가 2,000여개이고 종사자가 대충해도 5,000명을 상회할 텐데, 함께 모여 문제점을 돌출하고 그 문제점을 적극적으로 공개적으로 토론하고 정책 제언을 해야 한다. 다른 분야에서도 목재생산업만큼이나 시급한 안건들이 많고, 적극적으로 행동하고 의사를 표명하지 않으면 누가 챙겨주고 알아주지도 않는다고 생각해야 한다. 이러한 측면에서 최근 적극적인 활동을 하시는 원택상회장님을 존경한다. 1년 중 저랑 가장 많은 전화 통화를 하시고, 민간임업기계제도 도입, 톱밥기계지원, 조림예정지작업에서 정리작업까지의 업역화 등 여러 안건을 국회를 찾아가고, 공론화 하시는 것을 보았다.

〈 임업협동조합 하베스트 작업 〉

둘째, 목재생산업관련 제도의 개선이다. 현재 목재이용법 제24조에 의거 한 목재생산업의 등록 및 관리를 산림기술법으로 이관할 필요성이 있다. 원목생산업에 종사하는 모든 기술인, 기능인, 일반직원이 교육받고 기술산업시장의 한 축으로 활동하고 발전해야 한다. 또한 등록에 따른 자격기준도 강화하여, 조림예정지작업에 필요한 필수 기술인력을 추가 확보하는 방안을 검토함에 따라 경쟁력과 대외 명분을 확보하여야 할 것이다.

셋째, 스마트임업과 안전사고예방을 위한 장비도입과 현장 적용성 확대가 시급하다. 2019년 일본 임업기술 전람회에서는 드론을 이용한 수확계획, 벌도방향을 결정하는 기계장치, 간편 안전복등 각종 스마트임업장비들과 운영프로그램들이 선보였다. 우리도 GPS, GIS, 드론, 라이다와 같은 기술을 적극 응용한 기계장비가 널리 보급되는 것이 효율적인 대경재 생산과 부산물 수집을 위해 시급하고 절실하다.

넷째, 협력을 통한 시장확대이다. 목재의 수확은 산주 동의, 치밀한 경영계획, 수확작업장개발계획, 환경, 지역주민, 수요처확보, 외산 목재 수입 등 다양한 주체와 연결되어 있는 복합 사업이다. 원목생산자들의 노력만으로는 시장확대가 불가능하며 모든 이해관계자가 함께 손잡고 협력해야 한다. 향후 시장은 계획자, 실행자, 판매자와 네트워크를 형성해야 할 것이다. 또한 국립공원, 보호림등의 특수지역의 벌채기술을 개발하고 도시지역의 노후화된 도시림의 수확갱신에도 관심을 가져야 한다. 그렇게 하기 위해서는 시민단체, 타분야 업계 등과도 유대 해야한다.

임업이 미래산업으로 성장하기 위해서는 목재생산업이 주 동력원으로 작동해야 한다. 우리의 산지에는 많은 갱신조림 대상지와 벌기령에 도달한 나무들이 있다. 그냥 머물러 있기에는 미래를 위하여 너무나 무책임하다. 벌채는 환경파괴 행위가 아니라 자원의 순환, 생태계의 순환이라는 것을 홍보하고 국민에게 사랑받고 믿음을 줄 수 있는 산업으로 발전해야 한다.

제1장
산림기술과 산업화

Forest,technology-industry

09_

산림자원과 뉴딜사업

코로나19로 인한 전 세계적 경기 침체와 2050 탄소중립정책으로 산림자원의 효율적 활용이 어느 때보다 중요한 시기이다. 그런데 우리나라의 산림자원의 이용은 그렇게 간단하지 않다. 사유림 비율이 높고 부재산주가 많으며 아직 외국산에 비해 목재로서의 가치가 상대적으로 높지 않아 가격 경쟁력이 없기 때문이다. 그러나 산림분야에서 이번이 치산녹화 이후 가장 산림자원을 이용한 산업화의 기회임을 누구나 알 것이다. 경제를 살려야 하고 국가의 탄소중립 정책도 수행해야 하기 때문이다. 이제 산림경영의 주체들이 사유림 산주를 모아 경영에 대하여 설명하고 임도를 만들고 임업기계를 개발하며 생산된 목재로 건축하고 부산물로 바이오매스로 이용할 수 있는 절호의 기회인 것이다.

지금까지 하지못한 이유는 예산이 부족하고 관련법률이 없었다. 이것을 한번에 해결할 수 있는 경제활성화 명분이 코로나19로 생겼기 때문이다. 그래서 산림분야 그린뉴딜 정책이 중요하다는 것이다. 왜 산림분야의 그린뉴딜사업을 해야 하는것인가? 어떠한 여건에 처해 있는가? 우리는 반드시 알고 대처 해야한다. 쉬운 정책만 골라서 하면 안된다. 지금까지 풀지 못한 것을 해야한다.

먼저 「산림자원법」에 산림자원을 정의한 제1조에 산림은 국가의 자산으로 사회 · 경제 · 문화 등 다양한 분야에서 그 기능을 발휘할 수 있도록 경영 · 관리되어야 한다고 정의하고 있다. 또한 제8조에는 산림을 기능별로 구분하여 기능에 맞게 경영하고 관리토록 되어 있다. 그린뉴딜사업에는 이 기능이 (수원함양, 산림재해방지, 자연환경보전, 목재생산, 산림휴양, 생활환경보전) 국민들에게 "숲속의 대한민국"을 만들어 주는 마중물역할을 충실히 해야 한다는 것이다. 특히 그린뉴딜사업은 목재생산 기능에만 집중해서는 안되고 산촌마을, 도시생활권, 보호림등에도 관심을 두고 사업의 영역을 확장 관리할 수 있는 기회라는 것이다.

둘째로 지금의 우리나라 산림은 Ⅳ영급 이상의 입목지가 약 72%의 면적을 점유하므로 영급 불균형의 현상이 심각하다. 나무의 영급이 높아질수록 입목축적이 커지고 산림의 울폐도가 증가하며, 수원함양 · 정수 · 재해방지 · 휴양 기능을 수행할 수 있는 울창한 숲이 조성된다. 하지만 고령화된 산림은 탄소흡수량이 저하되고, 인공 조림지는 간벌을 하지 않으면 재해발생, 생물다양성의 감소, 산불피해가 대형화되는 등의 문제를 유발한다.[1] 또한, 임목축적 증가로 숲가꾸기 사업과 목재생산 대상면적은 증가할 것으로 전망됨에 따라, 예산, 인력에 적합하게 간벌 및 수종갱신을 통한 영급구조 개선이 시급하다고 할 수 있다.

셋째로 우리나라의 목재자급률은 2019년 기준 16.6%로, 2005년 5.7% 대비 상승하였으나 여전히 83.4%의 목재를 수입에 의존하고 있다. 목재로 사용할 수 있는 나무 Ⅳ영급 이상이 72%를 차지하고 있지만, 생산량은 460만㎥에 그치고 있어, 연간 3,000만㎥에 이르는 국내 목재 수요량 대비 부족한 실정이다.[2]
따라서. 국산목재 소비 및 각종 부산물 활용이 저조한 실정으로 목재자급률 증진, 국산목재 공급확대를 위한 수요처 발굴하고, 생산 · 유통 · 경영기반시설 구축이 절실히 필요하다는 것이다.

1) 울창하고 고령화된 산림, 관리정책의 패러다임 전환, 강원연구원, 2020)

2) 한국경제, 2020

넷째로 2020년 임업전망에 따르면 2019년 10월 기준으로 약 150천 톤의 미이용 산림바이오매스가 생산되었으며 주로 수확, 산지개발, 병해충방제, 수종갱신, 숲가꾸기 작업을 통해 생산된다. 목재수확 작업을 통한 미이용 산림바이오매스의 생산량이 크게 증가하였으나, 숲가꾸기를 통한 미이용 산림바이오매스 생산은 저조한 것으로 나타났다. 이는 숲가꾸기를 통한 고부가가치 목재 생산과 지속가능한 산림자원 육성 등 산림정책 방향에 대한 기반이 부족하다 할 것이다. 이것을 그린뉴딜사업으로 해결하자는 것이다. 또한 미이용바이오매스의 활용은 많은 제도 개선과 수집기술, 활용방안 등이 연구되고 개발되어야 할 사안이다.

다섯째로 산촌은 우리 임업의 주요 터전이다. 그래서 '산촌'은 「산림기본법」 시행령 제2조에 명시되어 있으며 산림청이 규정한 109개 시군 466개 읍 · 면으로 정의하며, 구체적인 기준은 임야율 70% 이상, 경지율 19.7% 이하, 인구밀도(명/㎢) 106 이하인 읍 · 면을 제시하고 있다. 그런데 산촌은 앞으로 고령화와 과소화, 소득격차의 심화 추세가 지속될 경우 2018년 기준, 30년 후에는 80~95%의 산촌이 소멸할 것으로 예측한다. 산촌 정주권과 밀접한 관계가 있는 것은 산림의 경영이다. 수확하고 조림을 해야 한다. 임도가 만들어져야 한다. 가공공장과 수집센터가 건립되어야 한다는 것이다. 그래야 국토의 균형발전이 될 수 있다.

여섯째로 산림사업량이 줄거나 고정되어 있고 종사자의 수익은 날로 감소하고 있다. 주요 산림사업은 조림, 숲가꾸기, 임도, 사방, 도시숲, 가로수, 자연휴양림등이다. 특히 숲가꾸기와 사방사업은 비중이 높은 사업이다.
2015년 ~2019년 전체 산림사업 발주건수는 평균 18,194건, 발주 금액은 평균 11,654억원으로 집계되었다. 최근 5년간 산림사업 발주액 증감률은 2.84%로 매년 비슷한 수준이다. 주요 산림사업의 연차별 실적을 살펴보면 숲가꾸기와 사방사업은 최근 5년간 사업실적이 감소하는 추세이다. 전국의 많은 산림기술자는 생계를 걱정하고 있고, 업체는 도산의 위기에 처해 있다. 숙련된 산림기술자는 단시간에 만들어지지 않는다. 그린뉴딜사업으로 산림분야의 기술자와 업체의 경쟁력을 국제적으로 키울 절호의 기회인 것이다.

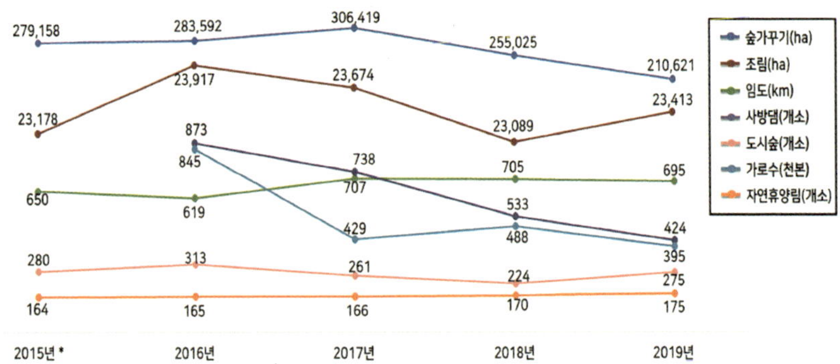

그림〉 산림사업 연차별 발주량(실적) 변화

마지막으로 국제사회 정세에서 산림자원의 이용을 절실히 요구하고 있다. 파리협정(2016)과 국제연합(United Nations; UN) 기후정상회의(2019) 이후 121개 국가가 '2050 탄소중립 목표 기후동맹'에 가입하였다. 우리 정부도 2020년 12월 7일 '2050 탄소중립을 위한 추진전략'을 발표하였다. 이 전략의 세부내용으로 '경제구조 저탄소화', '저탄소 산업생태계 조성', '탄소중립사회로의 공정전환'이라는 3대 정책방향을 제시하였다. 추진전략에는 국내 산림의 노령화에 따른 숲가꾸기(간벌) 및 수종갱신 사업, 목재이용 활성화, 산림복원 등을 통한 탄소흡수기능 강화 및 탄소흡수원 확충 등이다. 이러한 여건을 반영하여 산림청은 2020년 K-포레스트 계획을 발표했다. 주요 내용은 디지털.비대면 기술도입, 친환경시장개척, 임업인소득안전망구축, 기후위기 시대의 산림관리 등이다. 16개의 중점과제도 산림자원을 활용한 산업화하고는 거리가 좀 멀어 보인다.

부디 이번 기회를 100년 임업과 산림분야 발전의 기초를 닦는데 그린뉴딜

사업을 활용했으면 한다. 특히 새로운 일자리 창출보다는 기존 종사자들의 일자리가 지켜질 수 있도록 정책의 방향을 설정하고 우리 모두가 힘을 모아야 할 때인것이다. 제2의 산림부흥을 위해서 법령 개정의견은 〈참고〉로 제시한다.

〈 참고 〉

산림자원의 활용한 그린뉴딜사업을 관련 위한 법령개정 의견

1. 산림자원의 조성 및 관리에 관한 법률
   가. 산림기능구분 (제8조) : 부산물생산기능 추가
      - 수자원, 자연환경보전, 생활환경보전림에도 적극적인 산물과 부산물을 수집 활용 가능토록
   나. 산림관리기반시설의 설치(시행규칙 제 5조) : 탄소흡수원관리임도 신설
      - 현재, 간선, 지선, 작업3종류임도에서 1~5급 임도의 규격을 다양화
   다. 산림의 육성지원(법 제11조) : 탄소중립을 위한 시업에는 그 비용을 국가, 지자체에서 지원하여야 한다.
      - 숲가구기, 불량림갱신벌채. 부산물의 수집등에도 보조금의 투입이 필요
      - 사업의 집단화(30ha)를 위해 보조금을 지급할 수 있다.
      - 사업지의 집단화를 위한 사업의 시행은 산림조합, 산림사업법인, 엔니지니어링업체,기술사업체로 한다.
   라. 산림경영계획의 수립과 인가 (법제13조) 뉴딜사업의 경우 산림경영계획은 기본계획 및 기본설계로 대채하여 시행 할 수 있다.
      - 뉴딜사업의 경우 정확한 분석, 벌채, 기계사용, 조림, 산물의활용, 수지분석등이 필요
      - 산림경영계획 및 기본계획수립 비용은 보조금을 지원 할 수 있다.
   마. 신설조항 : 산림산업의 개념도입
      - 계획수립, 설계, 시공, 감리, 타당성분석, 안전관리.시공관리, 경제성분석등의 포괄적 사업실행 전반의 활동을 산림산업이라 한다.
      - 그린뉴딜사업은 민간주로로 산업화를 위한
   바. 국유림영림단의 운영(제23조의 2) : 부산물의 수집사업신설, 우수인력의양성

- 국유림영림단에 부산물의 수집을 추가 하고
- 계획자, 시공자(기능인)의 양성을 위한 보조금의 지원과 양성기관의 지정

사. 입목벌채의등의 허가 및 신고등(제36조) 벌채의 허가기준의 완화
- 벌채의 기본계획(타당성, 재해, 환경등을 포괄)의 심사 제도 도입하여
- 뉴딜사업의 경우 허가제도 및 규모, 벌채방법등의 변화 적용이 중요

아. 목재의 이용증진등(제37조, 시행규칙 제48조)
- 국산목재의 의무사용기관의 지정
- 국내산 부산물(바이오매스 ,톱밥) 사용시 국가지원제도 도입(운반비등)

자. 신설조항 (임업기계의 민간지원제도의 도입)
- 그린뉴딜사업자에게 사업실적에 따른 기계의 지원
- 원목생산자업체, 법인협회, 영림단
- 고성능 임업기계의 교육프로그램의 도입과 인력 양성

차. 목재의 이용증진(제37조, 시행규칙 제48조)
- 국산목재의 의무사용기관의 지정
- 국내산 부산물(바이오매스, 톱밥) 사용시 국가지원제도 도입(운반비등)

2. 탄소흡수원유지 및 증진에 관한 법률

가. 보호지역의 탄소흡수원유지 및 증진 (제10조) 보호지역에서 경제림, 외례수종의 벌채와 갱신은 상세제도에 도입
- 국립공원, 유전자보호림등에서의 경제림 및 외례수종의 벌채
- 마을뒷산등의 경관 생태증진 유지사업

나. 목제품의 이용증진(제12조)
- 벌채의 기본계획(타당성, 재해, 환경등을 포괄)의 심사 제도 도입하여
- 뉴딜사업의 경우 허가제도 및 규모, 벌채방법등의 변화 적용이 중요

3. 목재의 지속가능한 이용에 관한 법률
   가. 우선구매(제19조) 시행령에 구체적 명시 필요
      - 조달등록 민간업체 조달등록해야 산업화가 구매가 원활함
      - 법에 그린뉴딜사업에서 생산된 목재와 부산물등의 수의계약조건

4. 임업 및 산촌진흥촉진에 관한 법률
   가. 임업기능인의 양성(제18조) 임업인의 인재 양성제도 도입
      - 벌채 및 간벌사업의 확대에 따른 전문인력의 양성
      - 인제양성과정의 보조금 지원

5. 국유림의 경영 및 관리에 관한 법률
   가. 국유림의 목재생산(제10조)
      - 산림뉴딜사업의 예외 사항 인정하여 초과 벌채 가능토록 조치

6. 산림기술진흥 및 관리에 관한 법률
   가. 산림뉴딜사업의 용역, 시공업 업무범위 및 업역확보

우리에게
백년의 숲은
모든것을 받아주고
쉬게 한다.

제1장

산림기술과 산업화

Forest,technology-industry

10_ 산림사업의 확대

2020년 산림청 예산은 크게 일반, 농어촌구조개선특별, 에너지 및 자원사업특별, 국가균형발전, 책임운영기관 특별회계로 나뉘어 구성되어 있다. 규모는 전년 대비 4.8%(1018억원) 증액된 2조 2258억원으로 확정됐다. 2018년도에 비해 2019년도에 3.8%, 2020년은 4.8% 증가했다. 개청 후 최대 규모다. 산림자원 육성 · 관리 5,899억원, 산림재해 대응 및 생태 보전 5,958억원, 산촌 및 산림복지 활성화 2,502억원, 산림산업 경쟁력 강화 2,213억원, 미세먼지 대응 2,078억원, 남북 · 국제협력과 연구개발 1,381억원, 산림행정 지원 등 2,227억원으로 편성됐다. 산림청에 따르면 이 중 조림 · 숲 가꾸기 · 산림사업종합자금 등 산림 기반 강화와 임업인을 위한 예산이 대폭 증액됐다고 한다. 경제림 조림은 올해 1만 5,000ha에서 내년에 2만ha로 확대된다. 숲가꾸기는 2배 이상 늘어난 18만 5,000ha에 1,720억원을 배정했다. 산림사업종합자금도 올해보다 20% 증액된 700억원으로 확대됐다. 국민 안전 분야 예산도 대폭 늘렸다고 한다. 미세먼지 저감 등에 80.6% 증가한 2,078억원이 편성됐다. 465억원을 투입해 미세먼지 차단숲 93ha와 미세먼지 저감 바람길숲 17곳 조성을 위해 580억원을 투입한다. 745억원을 들여 도시근교 저감 조림 및 숲가꾸기도 시행한다.

산불 진화인력 확충과 처우 개선에 올해보다 48% 늘어난 983억원이 배정됐다. 산불특수진화대 규모가 435명으로 확대되고 160명을 필두로 단계적으로 정규직으로 전환한다. 산불예방진화대 고용이 현행 5개월에서 6개월로 연장되고 전국 51곳에 산불방지 지원센터가 설치된다. 산불 초기 진화에 취약한 비무

장지대(DMZ)를 전담할 산림항공관리소 신설 예산도 반영됐다.

작년 (사)농어업정책포럼에서 산림청장 면담시 산림청의 예산은 증가하였지만 실제 임업종사자와 산림사업에 종사하는 많은 사업체에서는 전혀 증액된 예산이 피부에 와닿지 않는다고 토로했다. 산림청에서도 인정하는 눈치였다. 늘어난 예산은 주로 산림청 하부기관의 운영비와 수목원조성, 남북협력 및 국제협력분야에 지우쳐 있으며 실제 숲가꾸기, 조림, 임도, 사방 등의 사업만 보면, 산림사업이 축소되고 있는 현실인 것이다. 더 세부적으로 산림사업 종사자와 직접적으로 관련성이 있는 숲가꾸기, 사방사업을 기준으로 보면 2018년도 249억원, 2019년도 272억원 감소하여 결국 사업이 축소된 것이다. 또한 2019년도 기준 전국 용역업등록 업체가 1,311개, 산림사업시행업체가 2,134개로 총 3,445개 업체가 주요 예산인 산림자원육성 및 관리 예산 5,684억원으로 업체당 1.66억 정도로 매출을 추산할 수 있을것이며 사실 업체와 직원을 유지 할 수 없는 수주 금액이다. 2019년도 산림.임업전망에서 상시근로자 수 추이를 보면 원목생산업, 재재업, 산림토목, 숲가꾸기병해충, 국유림영림단등의 연평균증가율은 −6.7~12.1임을 감안하면 우리 산림사업 산업체의 기반이 흔들리고 있는 것이다.

벌기령에 도달한 숲과 불량림 벌채를 실행해야 하나, 적기에 벌채를 실행할수 있는 시스템이 부재함에 따라 조림도 어렵고 숲가꾸기도 어려우며 병해충이 급증하고 있는 것이 현실이다. 그렇다고 무작정 예산을 늘린다고 해서 산업이 살아나지는 않을 것이다. 산림청도 파편화된 사유림의 경영과 관리를 위해 산림조합에만 대리경영, 선도육성단지, 위탁경영 등 대안에 집중하고 있는 것으로 보인다. 그러나 실제 임업경영자, 산림사업 종사자들의 피부에는 와닿지 않는다는 현장의 목소리가 높다. 왜일까? 불신이 깊은 까닭으로 보인다. 지금까지 산림사업은 관이 주도하는 사업, 자율성 없이 진행된 사업이었기 때문이다.

현 문재인대통령 선거공약에 참여하면서 이러한 관 주도사업에서 산주,경영자, 민간업체 주도사업으로 전환을 위한 계획을 수립했었다. 그러나 정부의 정책과제 선정에 거의 반영이 어려웠다. 100년을 내다보고 임업의 미래를 위해 전국 산지를 조사하여 지역특성을 감안한 경영계획을 수립하려고 했다. 어느 곳은 산업단지, 주택 등으로 이용하고 어느 곳은 시민과 주민의 생활의 질 향상을 위하여 산림을 관리하고, 어느 곳에는 임도를 내고 벌채를 실행하고 실제적인 계획을 만드는 데 예산을 투입하고 싶었다. 그러나 실행해 보지 못했다.

지금이라도 벌채 활성화를 위해 목재수확 측면과 우리나라 산림의 영급 재분배에 따른 재해예방, 경관복원들을 감안하여 지자체 공무원에 대한 정확한 지침을 만들어, 폭 넓은 개념의 허가기준을 적용해야 할 것이다. 또한 지역사회, 환경단체와의 적극적인 협력 또한 병행되어야 할 것이다. 권역별로 많은 기술자, 산주, 산림조합, 업체들의 단체를 구성하면 지역별로 산림경영, 관리, 이용계획을 통합적으로 수립 할 수 있을 것이고, 많은 지역 일자리가 창출되며 임업계획이 실행 가능한 계획으로 발전될 수 있을 것이다. 지금은 임업도 어렵고 새로운 일자리의 창출도 어렵다. 경영계획에 의한 수확벌채는 산주의 동의를 얻고, 사업 구획화하기 쉽지 않은 것이 현실이다. 그래서 산림사업의 활성화를 위해 우선적으로 종교단체, 학교, 산업체 등이 소유한 산림에 대하여 우선 수확과 숲가꾸기 사업을 실시하며, 순차적으로 사유림에 대한 근본적인 진단과 계획을 수립하면 될 것이다. 또한 도시인근의 산림의 관리에 집중해야 한다. 우리나라 도심권에는 주변에 자연공원, 국토법에 의한 시업 제한림이 많은데, 상당수가 과거 산림녹화시기에 집중적으로 식재된 오리나무, 아카시 등의 수종으로 구성되어 있다. 도시 인근의 숲은 노령화, 숲가꾸기의 부재로 인해 재해에 취약하고, 병해충 발생, 경관 측면에서도 아주 불리하게 관리 되고 있다. 하기 힘들다고 미루고 있는 것이다.

마침 대통령직속 국가환경위원회에서는 도시숲을 미세먼지와 연결하여 도심으로 미세먼지를 저감하면서, 외부 공기의 유입을 시키는 방안을 세부적으로 계획하고 있다. 도시주변의 숲을 간벌하고 계곡부 나무를 정비하여 도시중심부와 연결하는 것이다. 산주들의 동의가 어려워 당장 전면적인 사업을 시행하기는 어려우나, 일몰제에 의해 매입한 산지부터 사업을 시작하고 점차적으로 도시림법에 도시주변 숲가꾸기사업을 강제 할 수 있는 법의 마련이 시급하다 할 것이다.

그냥 있으면 안된다. 우리가 직접 나서서 우리 산림사업의 활성화를 만들어내야 한다. 쉽게 단기간에 할 일이 아닌 미래를 준비하는 일에 집중해야 할 것이다. 산림청도 이에 맞는 정책과제를 선정, 그에 따른 예산구조의 변화를 꾸준히 추진하여 미래를 위한 원동력을 만들어야 할 것이다.

산림기술연구원은 임업협동조합의 고성능 임업기계(하베스트) 작업장에서 공종 및 공정 조사를 하다. (문경, 2021)

제1장

산림기술과 산업화

Forest,technology-industry

11_

산림사업법인의 규모화

2000년 이전까지 산림사업의 대행 · 수탁사업은 산림조합중앙회의 주도 아래 거의 독점적으로 시행되었으나, 2000년 이후 산림법이 개정됨에 따라 산림조합중앙회 이외에도 산림사업을 목적으로 설립된 법인의 대행 · 수탁 참여에 대한 법적 근거가 마련되었다. 산림사업 시공법인은 2000년 6월 태궁임업(주)을 시작으로 매년 지속적으로 증가하여 2003년 123개에서 2017년 2,151개업체를 정점으로, 2019년 2,134개업체로 증가하다가 2020년 기준 1,392개로 감소하는 추세이다. 최근 5년간만 보면 평균 307개 업체가 등록하고 182개 업체가 등록을 취소해 약 50%의 폐업 비율을 보이고 있다. 업체당 수주액도 지속적으로 감소하고 있어 실제적으로 정상 영업과 경영이 어려운 것으로 보인다. 업체당 보유 기술자수를 감안하면 수주액이 턱없이 부족하고 부족하니 자격증 대여, 불법법인의 설립 등으로 기업을 겨우 유지하고 있는 실정이다.

그러면 이렇게 시장규모에 비해 상대적으로 많은 산림사업법인을 그대로 둘것인가? 에 대한 질문에는 그렇지 않다는 것이다. 산림사업법인에 종사하는 기술자와 기능인는 15,000명으로 추산한다. 그들은 지역단위에서 산림사업에 종사하고 숙련된 기술과 기능을 가졌다.

향후 산림분야 그린뉴딜의 사업에서 우리나라 산림을 대개조하기 위한 기반이 민간기업과 기술자가 중심이 되어야 한다. 산림청에서는 새로운 일자리를 만들기 보다는 기존의 산림사업법인 육성 · 관리를 위해 노력 할때라는 것이다.

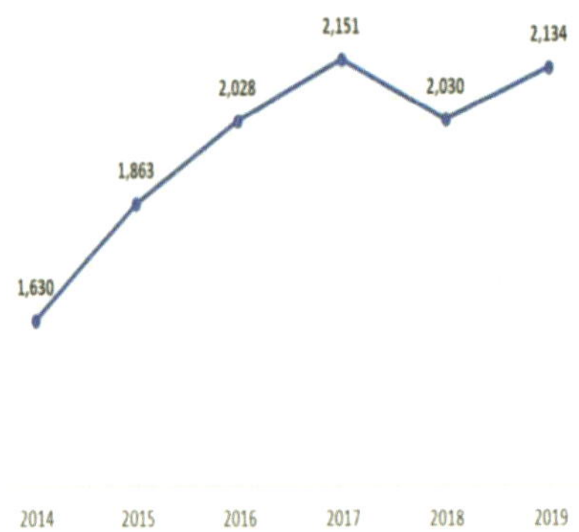

〈 최근 5년간 산림사업법인 업체 수 〉

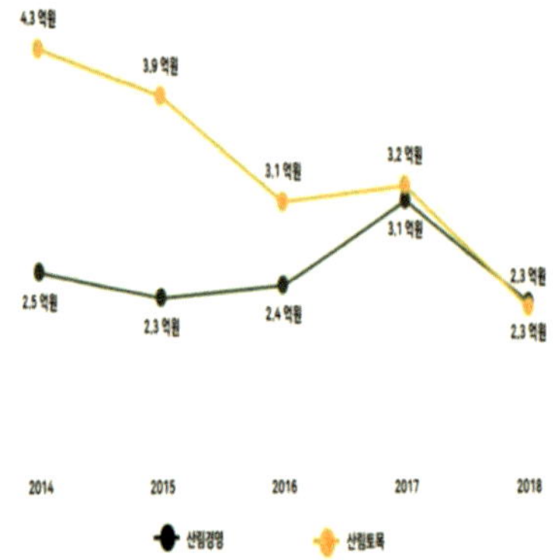

〈 최근 5년간 산림사업법인 업체당 평균 수주액 〉

새롭게 정비하여 타분야 업체와 경쟁에서 살아 남도록 경쟁력을 강화하고 일거리를 만들어주어야 한다는 것이다. 그 방안을 몇 가지 제시한다.

첫째로 세분화된 업체의 등록기준을 통합하여 종합적으로 일 할 수 있는 계기를 마련해주어야 한다. (종합업 도입) 건설분야도 전문건설업체 29종목으로 운영했으나 시공기술의 유사성, 공종간의 연계성을 감안 14업종으로 통합하여 업체의 경영을 돕고 기술력을 향상시키는 정책을 시행했다. 산림사업법인의 경우에도 자본금, 기술력의 등록요건을 통합하고 등록과 기술자 보유수를 완화해줄 필요가 있다는 것이다. 산림사업법인의 실태조사 결과에 따르면 2개 이상 업종을 겸업하는 업체가 대부분이므로, 업체 유지 간접비용(4대 보험 등)과 법인등록 자격자 수를 줄여주는 방안으로 종합업의 등록제도가 신설되어야 한다. 전체 법인등록 업체수는 2,075개이나, 중복으로 등록한 업체수는 610개로 집계되었으므로, 한 사업자당 2~4개의 법인을 운영 중인 것으로 분석되어 시급히 업체를 통합하여 종합업으로 등록을 할 수 있도록 유도해야 한다.

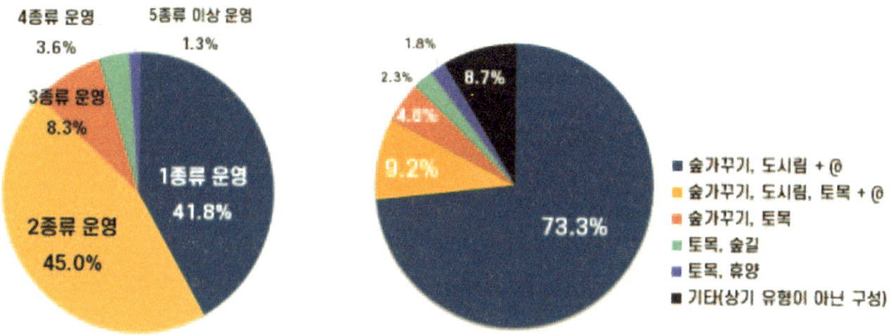

〈 산림사업법인 겸업 실태('20.7.1. 기준) 〉

둘째로 산림사업은 이제 복합적인 기술을 요구하는 시대이다. 도시림, 미세먼지저감사업 ,정원, 수목원조성, 휴양림, 치유숲 등 산림기술의 기초에서 응용까지의 복합 기술이 필요하다. 그런데 우리 산림사업법인에서는 수주에 엄청난 불공정을 받고 있다. 경영법인, 공학법인, 휴양법인 등으로 구분되어 있고 소규모의 자본금과 기술이력 관리의 미흡으로 대단위 산림사업에서 입찰에 참가할 기회조차 없다는 것이다. 입찰시장은 규모화된 자본금, 기술자이력, 사업실적을 요구하기 때문이다. 이것이 산림사업법인의 경영악화를 초래하는 주요 원인이기도 하다. 빠르게 산림종합업 시공업체 등록이 필요한 이유이기도 하다.

셋째로 산림사업법인의 기능 인력난을 해결하고, 기능인 영림단의 효율적 육성의 계기로 삼자는 것이다. 기능인영림단은 국유림, 산림조합, 산림사업법인에서 일을 한다. 산림사업 중 산림조성 사업에서 중요한 역할을 담당하고 있는 기능인영림단은 '84년 국유림 산림사업을 전담하기 위해 최초 조직된 이후 '90년 민유림산림사업을 전담하는 산림조합 소속 기능인영림단이 조직되었고, '00년에는 산림사업법인의 기능인영림단이 조직되어 산림사업을 시행하고 있다. 「산림자원법」에서 국유림영림단의 설립근거가 있고, 기능인영림단의 구성은 「임업촉진법 시행령」 제16조에 따라 최소 6명에서 30명 내외로 구성되며, 고용 주체에 따라 고용형태가 달라지게 되었어 있다. 현재 국유림영림단은 208개 소속기술자는 1,413명이며, 산림조합 소속 영림단은 100개, 소속기술자는 2,542명이며, 산림사업법인 소속 영림단 수는 272개로 가장 많다. 그러나 사실 국유림영림단 외는 고유 업역이 없다. 그래서 지역별로 산림사업법인에 맞춤형 영림단을 구성하게 하고, 기계장비의 지원, 교육등을 통하여 안정된 일자리를 확보해주어야 한다. 그래서 산림사업법인과 영림단이 동반성장을 기대 하자는 것이다. 영림단원은 소속처와 상관없이 일이 있는 사업장으로 간다. 산림조합에게 산림사업법인으로 산림사업법인 작업장에서 산림조합사업장으로 자유롭게 옮겨다니며 일한다. 사업수주의 착수 서류를 맞추기 위해 자격증 또한 임대하고 있는 실정이다.

넷째로 산림사업법인의 일거리를 확보해주어야 한다. 산림기술법이 시행되면서 산림사업법인은 시공전문 업체로 분류되어, 당초 공학분야에서 해온 설계, 감리를 하지 못한다. 그러나 우리는 산림사업법인 업체에 다른 혜택을 주지 못했다. 행정처분은 강화되고 일거리는 부족하고, 막다른 절벽에 내몰린 것이다. 특별히 자격조건이 없이 시행되고 있는 산지복구 분야의 시공을 맡겨주어야 한다. 태양광, 풍력, 대단위 공공시설 등에서 산지가 전용되고 있고 집중호우로 국민들이 불안해 하고 있다. 이곳에 산림사업법인의 업역을 주어야 한다는 것이다. 일반 토목의 무자격자들이 하는 것을 우리분야 기술자들이 하자는 것이다. 이제 자격자 집단인 산림사업법인에게 책임을 부여하고 시공을 맡겨야 한다. 사명감을 주어야 한다. 일반 소규모 개인 전용지의 복구는 개인의 부담을 가중시키므로 차후에 하더라도, 공공기관등의 복구대상지를 먼저 지역 산림사업법인 업체에 수주토록 하는 방안이 적극 검토되어야 한다.

산림사업법인은 우리산림산업의 활성화에 기반 조직이다. 특히 지역에서 산림자원을 이용한 산업화에 적극 활용되어야 한다. 그냥 시장경쟁 논리에 맡겨두기보다는 무엇이 문제이고 그 문제점들을 해결해주는 정책이 절실하다 할 것이다. 산림사업법인 업체를 제도적으로 지원하고 관리를 한다면 다른 분야에서 찾을 수 없는 지역의 거점 활동 주체로 거듭 날 수 있는 산림사업의 든든한 동반자가 될 수 있을 것이다.

제2장
산림기술의 어려움

Forest,technology-industry

01_

산림기술의 인식

일반인은 산림기술을 모른다. 그냥 나무 심고 벌채하는데 기술이 뭐 필요하냐구고 한다. 조금 안다하면 아니 임업계에 종사한 분들은 산림기술을 이야기하면 "사방기술 뿐 아닌가" 라고 한다. 큰 문제이다. 필자가 2006년부터 많은 산림사업의 적산기준과 품셈, 기본매뉴얼, 교본작업을 했다. 하나 만들고나면 조금 우리 산림기술이 알려지겠지 하고 한 작업이 10년이 넘었다. 2016년부터 지금까지 만든 각종사업의 품셈을 묶어 교보문고에 산림사업표준품셈을 출판하였다. 그러나 현장에서는 여전히 엔지니어링 대가기준에 의거 용역비가 산출되고, 건설품셈에 의거 설계하고 건설법에 의거 시공하는 일들이 빈번하다. 2018년 산림청에서 산림사업표준품셈 초판을 만들어 배부했지만 파급효과는 크지 못했다. 여전히 교본을 무시하는 이상한 기술이 현장에서 만들어지고 승인되고 있는 실정인 것이다.

그럼 무엇 때문인가? 아무리 기준을 만들고 기본적인 교본에 의한 기술교육과 시책교육을 하여도 현장은 바뀌지 않는 것이다. 본 필자는 산림기술에 대한 나쁜 인식이 바뀌지 않는 원인과 대응책을 다음과 같이 생각하고 있다.

먼저 산림사업은 지역별, 현장별 여건이 다르다. 또한 산림사업은 장기적으로 연결되는 사업임을 명심하자. 산림기술은 확일화된 시책과 모방 기술을 적용하여야 하며 수시로 정책 또한 바뀐다. 생태와 경관을 감안한 사방사업을 하라고 시책이 계획되면 전국이 유역의 크기와 상관없이 물이 있는 없든 사방댐에 어도와 생태통로를 만든다. 시책에 지시된 사항을 그대로 계획하고 설계하고 시공하는 것이다. 물론 사업 평가항목에 포함되어 시책을 무시하지 못하고 어쩔 수 없다는 핑계를 모두가 한다. 공무원도 설계자도 감리자도 시공자도 아무도 반기를 들지 못한다. 기술이 퇴보하는 주요 원인이다. 생태적 벌채 시책에 의해서는 도로조망점, 산지경사, 비옥도, 수종 등을 무시한체 피압된 굽은 나무 하나를 산등에 남긴다. 전국이 같은 현상이다. 벌채지에 어떠한 동식물이 있고 서식처는 어디며 종다양성이 높은 구역의 관리, 향후 벌채 후 복원 및 재해를 감안한 잔족목과 구역설정은 엄두도 못낼 상황이다. 벌채업체가 그것을 알아서 남기지 못하고 설계자도 적은 용역비로 기본조사를 하지 못하는 상황인 것이다.

둘째로는 산림기술자의 경시와 기술 이해부족이다.
산림기술은 고유한 기술이며 독창적이다. 그러나 아무리 고급기술자격을 가진 기술자라도 9급공무원 보다 기술이 부족한 것으로 취급받는다. 열정있는 기술자가 새로운 것을 만들어 제안해도 바로 수정을 가한다. 거기서 살아남은 기술은 현장기술 심사에서 가차 없이 날아간다. 나이 많은 선배기술자들이 그냥두지 않는다. 경험치가 중요하다고 내가 잘 안다고 그냥 날려버린다. 또 다행히 살아 남은 기술은 회계감사에 토목직, 행정직 공무원이 가차없이 기술의 공법을 이것 저것 날려버린다. 그래도 우리 기술자는 참고 일하고 있다. 현장의 기술자는 억울한 것이다. 우리 산림기술자는 아무소리 못내고 포기하고 만다. 그 설계가 현장에 오면 어떻게 되겠는가? 그래도 살아 남은 기술은 현장 자문단과 지역주민들에 의해 더 엉망이 된다. 이것이 우리 산림기술이다. 근본적인 문제점을 해결해야 한다.

특히 용역비, 사업비를 적게 주려는 발주처 노력은 정말 눈물겹다. 우리 시장을 우리가 죽이는 꼴인 것이다. 타 분야에서는 기본계획과 설계 내역대로 사업비가 결정된다, 우리 산림사업은 단비표가 있는 것이다. 기술기반을 인정하지 않는 것이다. 이 모든 과정에서 참여한 분들이 과연 산림기술이 얼마나 과학적이고 체계적인 기술인지 알기나 하는지 말이다.

최근 엔지니어링대가 기준의 용역비 요율이 올랐다. 이미 타 업계에서는 공사비 요율방식을 사용하는 것을 최대한 제한하고 있고, 사실 우리 산림사업은 적용대상이 되지 못한다. 일반 건설공사와 산림사업의 규모가 다르기 때문이다. 그런데 용역비를 깍기위한 공무원들간의 전쟁이 일어났다. 이게 무슨 우리 기술을 이해 한다고 할 수 있는가?

셋째로는 지역주의와 사업규모가 적어 좋은 기술의 적용이 어렵다.
2019년도 말 기준 산림사업법인은 2,128개, 엔지니어링업체가 554개, 기술사사무소가 105개이다. 2014년기준해서 40%정도 증가한 수치이다. 그러나 산림사업 발주 총액은 2014년기준으로 2019년 10,605억원으로 그대로다. 특히 산림사업의 설계비 평균은 14,400천원, 감리비 평균은 7,700천원이다. 타 분야에서 보면 뭐라 할것인가? 그것도 오지 산지에서 하는 사업치고 너무나 적은 금액이다. 이렇게 하고도 업체를 유지 하고 있을까? 그리고 쪼개기 발주를 해도 아무 문제를 제기하지 않는다 업체가 돌아가면서 수의계약을 하기 때문이다. 산림기술을 나쁘게 보는 주 원인이다.

이러한 상황에서 소규모 업체가 기술투자, 인적투자를 할 수 있을까? 시억별로 퇴직공무원, 인정기술자들이 소규모로 업체를 등록하여 활동하고 기득권을 이용하며 사업을 거의 독점하기에 더욱 큰 문제이다. 지역주의는 산림기술 발전에 치명적이다. 같은 공법과 재료가 매년 적용되고 있으나 설계자, 감리자는 그 지역에서 선임되기 때문에 바뀌지 않는 것이다.

사업규모를 유역, 마을 단위로 하여 기본설계, 실시설계단계를 거처야 한다. 그리고 계약단위를 규모화하여 우수한 기술이 유입되도록 공개경쟁하는 방안이 적극적으로 검토 되어야 한다. 산림사업에서 수의 계약제도를 너무 쉽게 이용하면 안된다는 것이다.

마지막으로 기술자의 기술철학과 직업윤리의 문제이다. 우리 기술자들이 산림사업의 지속성 유지를 위하여 국민에게 기술의 우수성을 알려야 한다. 국민들은 임도, 등산로, 휴양림 등에서 우리의 기술을 본다. 외국과 비교도 할 것이다. 우리 후배의 미래를 위해서라도 기술 적용 철학과 기본원칙을 지켜야 할 것이다.

소나무재선충병에 의한 대형 고사목을 기술자들이 어렵게 작업중이다.
피해목만 골라 소규모로 벌목하기에 기계화가 어려운 실정이다. (2019. 제주)

제2장

산림기술의 어려움

Forest.technology-industry

02_

전통사방기술

우리나라의 사방사업의 효시는 1907년 서울인왕산, 북한산지역의 창의문 주위의 황폐임지에 풍치림을 조성한 것이다. 일제시대와 6.25사변을 겪으면서 전국은 산림황폐화가 가속되어 녹화위주의 기초공사 사방이 이루어졌다. 1959년의 사방날 제정과 1962년 사방사업법이만들어지고 1972년 부터는 국도변의 절개지 및 언덕붕괴지 복구 등으로 복구기술의 발전이 도모되었다. 1984년에는 산지사방에서 야계사방, 토석류방지를 위한 사방댐설치 사업을 위한 기술개발까지 발전시켰다.

그러나 모든 사방기술은 관주도의 계획과 실행되었다. 1992년부터 예방사방이 도입되면서 사방사업은 도급발주가 가능함과 동시에 기존 사방사업의 기능에 조경, 생태, 환경, 물정화, 생활용수, 휴양 등 국민의 편익 제고 기능도 포함되어 기술의 발전을 이루어왔다.

2011년 7월 우면산 산사태가 발생하였다. 지금까지의 사방기술은 흔들렸다. 사방기술에 대한 지속적인 기술교육이 부족했으며 전통사방을 이해 하지 못하는 일반토목 기술자들로 사방기술의 신뢰를 잃었고 산림공학 전반의 위기를 초래한 것은 사실이다. 지금까지 사방댐사업은 황폐화된 산지, 계곡부에 산각을 고정하고 토석류 유실을 방지하기 위한 사방댐과 산불복구지, 수해복구지, 산림유역관리지, 물가두기 사방댐 등 목적사업을 하기 위하여 설치하였으나 도시의 생활여건과 산지이용상태 등을 고려한 사방사업은 없었던 것이다.

도시의 사방사업은 인명 피해로 바로 연결되기에 견고성을 갖춰야 하고, 생활권 내에 설치되므로 경관성, 유지관리성, 이용성 측면 등을 고려해야한다. 또한 댐의 모양, 재료, 시공성, 크기 등이 결정되어야 하는데, 산림기술에서는 미리 준비하지 못했던 것이다. 우면산의 경우 복구계획 기술이 허술하여 공사기간이 늦어졌고, 안정성, 경제성에서 많은 논란이 있었던 것도 위와 같은 특성을 감안한 제도적, 정책적, 기술적 준비를 하지 않았기 때문이다. 또한 설계, 시공이 산림조합 위주의 수의계약 사방사업으로 이루어져 기술의 신뢰성도 많은 의심을 받았다. 특히, 우면산 복구에서 일반 산지의 복구공법을 사방기술 개념과 기술로 적용하지 못하여 수리, 토목, 조경분야를 설득하지 못한 결과를 초래하고 말았다. 타 분야에서는 우면산 복구가 수의계약으로 진행되는것을 이해하지 못했다. 그런 경우는 우리 산림사업 밖에 없었던 것이다.

그 후 사방품셈시행, 사방기술교본 개정 등으로 사방기술의 우수성을 알리고 대외적 신뢰를 쌓아가고 있다. 「산림보호법」에 산사태가 정의되고 취약지구, 생활권사방등으로 영역이 확대되었지만 아직도 우리 사방기술은 독보적 독창성을 확보 못하고 흔들리고 있다. 최근엔 산림보호법에서 산사태를 정의 하면서 사방의 공간적 범위가 너무 방대 한 것은 아닌지 걱정이 앞선다. 국토부에서 할 일을 우리가 하는건 아닌지 혼란이 온다는 것이다. 가까운 일본은 임야청과 국토청이 구역을 구분하여 사방사업을 하는 것이 부럽기도 하다. 잘하는 것을 잘하는 공간에서 일하는게 우리 사방기술의 전통을 지킨다고 보기 때문이다. 사방의 기술은 자연의 다양한 요인들을 반영해야 하는 어렵고 복잡한 복합기술이다. 정확한 위험요소를 읽어야하며 강우, 토양, 동.식물, 산지이용, 주민생활, 경관 등을 감안해야한다.

그러나 단순한 토목건설의 개념으로만 사방기술을 바라보거나 조경의 개념으로 녹화를 다 했다고 하는 방식의 기술은 위험하다. 우리의 산지사방의 기술은 정말 알면 알수록 체계성과 정밀성을 확보했다고 할 수 있다. 그런데 그 기술을 터부시하는 우리 자체가 문제일 수 밖에 없다. 그것을 글로 그림으로 공식으로 규정으로 매뉴얼로 만들지 못한다고 그 기술이 하찮게 대접받는 것은 정말 안타까운 일이다. 깊숙이 사방기술을 이해하고 경험해 봐야 한다.

그런데 아직 우면산 산사태 이후 우리 사방기술은 그대로 정체다. 정책은 기술에 앞서 산림보호법, 사방사업법 개정에 취약지구조사, 예측 전산화, DB구축, 사업비의 증액, 산사태대응 행정력 확보 등으로 변화와 발전이 있었지만 기술분야와 현장은 그렇지 않다는 것이다. 관측소, 위성, 라이다, GIS등의 첨단장비가 동원되지만 인공적으로 산지를 이용하면서 원형이 훼손된 수계, 사면은 보이지 않기 때문에 현장기술이 중요하다. 현장을 정밀하게 파악하는 기술자의 양성과 교육이 절실한 이유이다.

사방정책을 수행하는 기관은 산림청, 사방협회 등의 행정기관이 주도하지만 그것을 현장에서 접목하여 사방기술을 발전시키고, 사방공법을 개발하는 주체는 민간주도 회사와 기술자인데 이것이 지켜지지 않는다는 것이다. 기술자들의 정책과 기술교육이 부족하고, 사업실행의 단비가 부족하며, 의욕이 없다는 것이다. 특히 사방사업 타탕성평가 업무는 용역업체의 고유 업무임에도 사방협회에서만하고 유역관리, 산사태 등의 대규모 사업은 산림조합에서만 거의 수주하니 현장기술 개발과 발전은 기대 하기 어려울 것이다. 자유로운 우수기술자의 참여가 되도록 제도개선이 필요하다. 최근 국민권익위원회의 의견도 사업타당성 평가 업무를 기술자집단에서도 하도록 권고 하고 있다.

우면산 산사태 이후 필자는 2012년도 경남지방의 산바태풍에 의한 산사디복구, 2013년도 홍천, 춘천, 경기도지역 산사태복구 현장 점검팀에 참가하여 현장을 본 적이 있는데 전통 사방기술과 우수성을 볼 수 없었다. 산복과 계간사방의 구분없는 개념의 복구구상, 산복에 쌓은 전석과 조경석쌓기, 뜬 수로, 위치선정이 잘못된 골막이, 장비위주의 터파기, 아무 생각없이 만든 작업도, 무차별적 외례 녹화 종자의 기계 사용이 우리 현장의 실태이다.
사방품셈의 공법과 공정이 찾아보기 어려운 상황으로 아연 실색할 수 밖에 없었다. 과연 왜 이렇게 사방기술이 망가지고 있을까? 모두 깊이 생각해 볼 필요가 있다. 무엇이 문제 인지를...

〈 해운대 전통사방을 지키기위한 인력운반 현장조사 〉

산림청에서는 1986년부터 2010년까지 전국적으로 4,000여개의 사방댐을 만들었다. 주로 경북, 강원, 경남, 전남, 전북, 경기 등이다. 덕분에 잦은 태풍과 집중호우에 많은 효과가 검증되었고, 산촌 주민들은 그 혜택을 알기에 더 많은 시설을 요구한다. 그러나, 도시형 사방사업이 들어오고 많은 사방댐 물량과 더불어 작은 문제점들도 야기되었는데 계곡부의 생태적인 단절, 콘크리트재료의 과다사용, 낙엽 및 고인 물로 인한 악취, 경관의 저해, 사방댐의 준설의 문제 등인데 기술적으로 이를 풀어주지 못했다. 또한 생태적, 환경성을 고려한다고 계곡에 전석을 구입 사용하여 사방사업의 실효성 문제가 야기되었으며 생태 · 경관성을 우선으로 한 비탈식사방댐을 만들어 경제성과 목적성에 많은 논란이 있었지만, 사방정책과 사방기술에서 문제를 해결하지 못했다. 하늘에서 보면 계곡부에 돌만 보이는 이상한 사업이 되었다.

2012년 태풍 산바 직후 필자는 김천, 성주지역의 산사태 복구 점검팀에 참가한적이 있는데 현장에서 취약하게 보이는 대상지의 예방사방사업지가 다수 누락되는 것을 보았다. 물론 당초 조사의 누락지도 있었지만 복구예산의 부족이 주원인이었다. 또한, 산사태 발생 후 복구를 감안한 피해조사가 부족하였으며 조사기간 또한 충분하지 못한 결과로 판단된다. 피해조사 인력의 전문성 확보가 어려워 산사태 복구 특성 및 복구의 난이도 등을 감안하지 못하여 누락지가 발생하는 것으로 분석된다. 산지복구가 추가 사업이 어려운 점을 감안하면 향후 예방차원의 복구구상 능력을 가진 전문 기술자와 업체의 협조로 조사가 이루어지도록 하여야 할 것이다. 피해복구의 예산배정 권한과 심의를 담당하는 소방방재청에서도 산사태 복구 전문가의 적극적인 활용이 필요하다. 또한 사방사업복구사업의 설계심사, 회계심사과정에서 일반 토목분야 사람들로 구성되어, 당초 사방사업 취지와 완전히 다른 공작물이 배치되어 목적달성이 어려운 경우도 많았다. 특히 대도시 지역의 사방사업은 그 정도가 심하여 산림청 단위에서 적극적 대응이 필요하다 할 수 있다. 산사태 발생 후 추가 피해를 최소화하는 방안은 완전복구이며, 완전복구의 전 단계는 피해조사이므로 사업실행에서

〈 서울남산의 계간수로 〉

조사의 미흡에 따른 사방사업 미실행지가 있어서는 안 될 것이다. 사방사업과정에서 산주동의 불가, 진입로 불가, 민원 야기, 예산 부족, 누락지 발생 등은 사전조사가 튼튼하지 못하기 때문이다.

산림청에서는 제도개선을 추진하여 전국의 산사태 취약지 조사 후 예방사방을 하고 있다. 그런데, 전국의 그 많은 사업지의 사업기간을 6월말~7월초(장마 전)까지로 한정하고 있어, 사방사업이 어려운 취약지역과 조사기간이 많이 요구되는 대상지는 예방사방을 하지 못하는 결과를 초래할 수도 있다. 반드시 검토 되어야 할 사안이다.

국민 생명과 재산을 담보로 하는 사업인 만큼 정부의 조기발주와 너무 연결하지 않았으면 한다. 조기발주의 긍정적인 측면은 많지만 사방사업에서는 짧은 기간의 설계, 시공으로 양질의 사방사업이 이루어지기 어렵다는 것은 당연한 사실이기 때문이다. 또한, 험한 산지에서 일하면서 사방사업의 품은 사방품셈이 있는데도 건설품셈을 적용받고 있어 좋은 기술을 발휘할 수 없는 구조다. 조속히 사방사업 고유품이 현장에 적용되어 사방사업의 대외적 신뢰도를 회복하고, 고유의 사방기술이 실현되도록 하는 정책이 시급하다 하겠다.

〈 서울남산의 사방댐 〉

사방사업의 특이성과 중요성에도 불구하고 현장에서는 기사자격증을 발급받고 아무런 경험과 실무가 거의 없이 바로 감리원이 되는 규정들이 사방사업의 미래를 더욱 어둡게 한다. 또한, 설계비와 감리비를 일반 대규모 토목공사 요율을 적용하고, 기본설계비를 타당성 평가비로 지급해야 하는 현실에서 어떤 좋은 성과물이 나올 것이며, 무엇이 발전적인 사방기술 개발을 가능하게 할 것인가를 한번쯤은 생각해보아야 한다. 시급하게 사방분야 기술시장의 실태와 개선책을 산림청은 제시하여야 하며 그것이 유일하게 남아 있는 우리의 사방기술을 세계적으로 인정받는 길이다. 국민들의 재해 예방에 대한 신뢰감 회복과 향후 통일을 대비한 북한사방, 기후변화에 따른 유럽의 한대림의 파괴와 아시아 지역의 사막화 방지를 위한 기초기술이 우리나라 사방기술임을 모두가 알아야 할 것이다.

제2장
산림기술의 어려움

Forest,technology-industry

INSIDE

03_

산지관리와 기술

우리나라 국민의 약 87퍼센트가 도시에서 살고 있다고 한다. 우리는 편리한 도시 안에서 생활하고 있지만, 항상 너른 들판의 고향을 생각하고, 산골의 오두막을 동경하며, 숲을 그리워한다. 국토의 2/3가 산지로 이루어져 있는 우리나라는 농지, 가옥, 펜션, 호텔, 골프장, 도로 등으로 산지가 개발되면서 산지의 비율이 점차 감소하고 있다. 더 중요한 것은 우리 주변에서 사라져가는 산지를 우리는 당연히 받아들이고 있다는게 더 큰 문제이다. 우리나라 국민은 다른 분야의 문제점은 관심이 많고 수준은 높은데 유독 산지의 훼손, 복구 등에 대해서는 너그럽기 짝이 없다는 것이다.

분양이 안되는 넓은 산업단지, 개발이 중단된 골프장, 아무렇게나 방치된 채석장이 많지만 아무도 문제를 제기하는 사람이 없다. 이미 나무는 잘려나가고 없고 비가 오면 토사가 마을 하천을 덮어도 우리는 조용하다. 식물 한뿌리, 나무 한그루, 개구리 한마리 죽어도 전국이 난리인데 우리 삶의 생태계의 원천인 산지가 없어져도 우리는 너무 태연하다는 것이다. 산지는 여러 가지 이유로 살아지고 있다. 그러나 최근 하천, 바다의 골재생산이 어려워지면서 산지에서 생산되는 산림용 골재가 중요 골재로 공급되어 산지를 급격히 잠식하고 있다. 채석장의 개발이다. 이미 채석장에서 나오는 산물이 현재 국가골재수급계획의 97퍼센트를 충족한다는 자료도 나와 있으며, 경제발전으로 인한 소득수준과 생활수준이 높아짐에 따라 결국 산림용 골재생산의 수요도 증가 할 것이고, 채석장 개발로 인한 산지는 더욱 감소할 것이다. 또한 최근 풍력발전소와 전기생산을 위탄 태양광발전을 위해 많은 산지가 훼손되고 있으며 경관을 많이 저해하고 있는 것도 우리는 한번 쯤 생각을 해보아야 할 것이다. 높은 산등에 넓은 도로를 개설해야 하고 바람개비의 소리등이 우리 주민들에게 많은 피해를 주기 때문이다.

〈 채석장 개발에 따른 산지 훼손 전경 〉

태양광 발전소는 우리가 사는 마을 주변 도로변에 설치하고 있으며 조경용 소나무굴취등과 병행되고 있어 더욱 문제가 될 수 밖에 없다. 특히 풍력과 태양광 발전을 위한 산지의 훼손은 복구가 어렵고 하류의 산사태 등 재해 위험을 유발하기에 더욱 큰 문제점이 있다.

산지의 타용도의 전환과 채석장의 개발은 우리가 살면서 반드시 필요하다. 상대적으로 값싼 용지를 필요로 하는 수요자들이 줄지 않을 것이고, 아파트와 공장, 도로 개설도 중단할 수 없는 상황이기 때문이다. 중국본국에서 골재를 수입하는 홍콩과 달리 우리나라는 골재를 수입할 수 없는 여건이기 때문이다. 골재는 천연자원으로 인식되어 외국에서 수입하는 것이 더욱 어려워질 전망인데 목재의 수입이 점차 어려워지는 것과 같은 개념이다.

〈 산지전용지 사면의 훼손 전경 〉

어쩔 수 없이 산지를 전용하고 채석장 개발을 해야 한다면 허가 및 사후관리 측면을 최우선적으로 강화해야 한다. 산지관리법의 기본원칙은 임업의 생산성, 재해방지, 수자원보호, 자연생태계 보전, 자연경관보전, 국민휴양증진 등 산림공익기능을 강조하는 방향으로 산지가 관리되어야 한다고 되어있다.

그러나, 산지전용 후 실태는 어떠한가? 2010년 강원도지역 펜션 산사태에 의한 매몰사고, 가평펜션의 산사태피해, 파주 공장 뒷산 산사태 피해, 집중호우에 의한 대도시주변 산자락 주택가 피해, 골프장 건설로 인한 주민들과의 갈등, 경쟁적으로 높은 옹벽을 쌓아 조성하고 있는 국가 · 지방산업단지들, 산지불법전용의 신문기사들을 자주 보면서 우리는 앞으로 무엇부터 바로 잡아야 할지 고민하게 된다. 아마 이대로 둔다면 우리의 아름다운 산자락은 흉물의 집들과 공장, 골프장으로 변할 것이고 도로변에, 차폐숲과 차폐망을 설치하게 될 것이며 사계절 아름다운 우리 산자락의 멋진 풍경은 사라지게 될 것이다.

채석장은 어떠한가? 산지관리법에 명시된 계단식 하향 채석장은 쉽게 찾아보기가 어려우며, 수직벽식으로 채석이 완료된 채석장은 채석 전의 산지상태로 도저히 복구가 불가능하다. 2012년 태풍과 장마로 전국의 여러 채석장이 붕괴되고, 채석장의 하류 피해를 입었다. 강릉 채석장 작업자 매몰, 화성 채석장 낙석사고의 인명피해로 관련부처에서는 현지점검이 진행되었다. 채석장의 관리가 중요한 것은 산지전용지의 경우 대지, 공장, 도로 등으로 지목이 변경되어 관리되지만 채석장은 채석이 완료되어도 지목은 산으로 지속적으로 관리되어야 하는데 사실 당초의 경관적, 생태적, 지형적인 복구는 어렵다는 것이다.
또한, 대부분 소규모 채석장으로 운영되면서 하향식 계단식 채석이 어렵고, 복구 수종의 선택과 사후관리가 되지 않아 몇 년이 되어도 암석절벽이 노출되는 사례가 많다. 또한 채석장은 급경사지의 붕괴 위험, 지하채굴에 의한 물 흐름의 교란, 하류의 침출수, 굴착소음과 먼지, 산촌 교통의 방해 등 많은 문제점들을 안고 있다. 이에 산지전용과 채석장 개발에 의한 피해를 최소화하기 위한 몇가지 기술적 제안을 하고자 한다.

첫 번째로 산지의 개발로 다른 사람에게 피해를 주지 말아야 한다는 것이다. 산지관리법상 가장 중요하게 여기는 것이 산지를 훼손한 후 사후에 하류의 피해가 없어야 한다는 것이다. 최근 집중호우에 의한 상류의 피해가 발생하여 하류까지 연결되는 사례가 많아 상류의 피해요인 제거 항목도 산지관리법상 추가할 필요성이 있다. 물론 훼손지 주변의 생태적, 경관적, 문화적 특성을 고려하여 복구하여야 하나 우선은 인명과 재산의 피해를 막는 것이며 기후온난화에 따른 이상기후 조건에서는 더욱 사업시행과 관리에 집중 할 필요성이 있다.

특히, 산지전용지의 상류에 대한 재해예방공법을 제시하여야 하며, 만일의 경우를 대비하여 붕괴 후 하류의 2차 피해를 차단할 수 있는 시설을 반드시 설치하여야 하고, 설치가 불가시에는 전용 허가를 하지 않도록 하여야 할 것이다. 전용허가 후에는 사업시행자가 계획대로 시행하는지를 기술자들의 참여 제도 도입으로 중간점검을 하여야 한다. 산지를 임의로 훼손한 후에는 완벽한 복구공법은 있을 수 없으며 최대한 재해를 저감하고 규정을 지켜 산지를 복구 할 수 있도록 행정과 기술이 합동으로 사업시행지의 중간점검제도의 도입 되어야 한다. 그리고, 완벽한 복구를 위해 선진국처럼 산지전용과 채석장 개발에 대해 시작부터 완료까지 공무원이 아닌 외부 전문기술자에 위임하여 재해방지에 힘써야 한다. 사실 산지관리 담당공무원은 많은 사업지의 인허가, 준공 등의 업무로 사후관리가 사실상 불가하며 전문지식 또한 부족하여 누구나 맡기 싫어하는 업무로 인식되어 있다. 건축분야의 경우처럼 건축사가 건축허가부터 건축준공까지를 책임지는 것과 같은 맥락으로 산지개발의 인허가, 시행, 재해방지 업무를 위탁 시행하여야 할 것이다. 현재는 허가 후 시행자가 마음대로 산지를 훼손하고 복구단계에서 기술자가 투입되기 때문에 현재의 복구 설계, 감리제도로는 무분별한 산지의 훼손과 복구를 해결할 수 없다

〈 홍콩의 생태적으로 복구된 섹오(shek o) 채석장 〉

〈 일본의 게온 채석장 산지복구현장 〉

그리고, 일반 농지나 대지에 비해 산지의 땅값이 상대적으로 값이 싸지만, 산지전용을 하면 복구 의무로 결국 싼 땅이 아님을 인식시켜야 한다.
사업시행자는 대상지의 하류 피해를 예방할 의무가 있고, 지역주민에게 경관적, 문화적, 생태적 피해를 주지 않을 책임이 있으며, 산지는 여러 사람이 공유할 공익적기능이 있음을 각인시켜 엄격한 법과 규정을 적용하여야 할 것이다. 그렇게 한다면 쉽게 산지전용과 채석장의 무분별한 개발은 줄어들 것이다.

두 번째는 산지관리 제도와 사후관리 기술의 문제를 바로 잡아야 할 것이다. 산지의 훼손 책임을 산지관리법을 주관하는 산림청이 모두 책임 진다면 불합리한 면이 있다. 대단위 전용지, 채석장의 개발은 환경부의 환경영향성평가, 소방방재청의 사전재해영향성평가가 이루어진 상태에서 산지전용허가가 이루어진다. 산지관리의 주체는 산림청이므로, 산지전용 허가 시 환경부와 소방방재청에 앞서 산림청이 주체적으로 산지특성 및 산지관리법에서 제시한 사항들을 종합 검토하는 사전허가제도나 산지개발기본계획 도입을 검토할 필요성이 있다.

산지보전협회에서 비슷한 제도를 시행하고 있으나, 산지개발은 철저히 시장성과 민간주도 방식이 전문성과 대외적 대응에 유리 할 것이다.

사전허가 시에는 숲의 생태, 산촌경관, 산지의 일반특성, 복구가능 여부, 복구공법 및 식생도입 여부, 개발자의 복구의지, 주변 민가의 상태 및 의견수렴, 상류와 하류의 수계, 임분, 임업생산지로서의 가치, 시공기술검정 등을 포함하여 종합적으로 분석한 후 산지 전용 여부를 결정해야 한다. 산림분야 기술자가 작성한 기본계획에 환경 · 재해보고서를 포함하여 분석후 산지관리위원회에 상정해야 한다. 산지관리위원의 자격 또한 기본계획을 검토할 수 있는 전문가로 구성되어야 할 것이다. 산지관리위원은 마지막으로 산지훼손여부를 결정하는 막대한 권한과 책임이 있는 전문분야 임을 명심하는 것도 잊지 말아야 할 것이다.

서전허가제도 또는 산지개발기본계획의 작성자의 자격도 엄격히 제한하여 산지개발자의 개발사전 비용 및 시간과 절차를 줄이고 실질적인 산지허가, 시행, 복구가 되도록 하여야 할 것이다.

지금쯤 산림기술법에 산지복구 계획, 타당성, 설계, 감리업을 전문으로 하는 전문업체 등록제도를 검토해야 한다. 또한 산지복구의 시공 주체를 산림사업법인, 지역 산림조합에서만 기술자격을 갖춘 업체만 할 수 있도록 해야한다. 타분야의 환경영향성, 재해영향성 평가 제도와 작성주체 제도를 도입해야 한다는 것이다.

세 번째는 산지개발은 민간시장이며 철저히 기술기반에 근거하여야 한다.

필자는 어느 나라를 여행을 하게 될 때 공항 도착 안내방송이 나오면 창문으로 아래를 보는 습관이 있다. 채석장의 실태를 보기 위해서다. 동남아의 여러 나라에서 무분별한 채석과 복구를 보려고 했었으나 찾기가 어려웠다. 나름 잘하고 있다는 것이다. 심지어 인도네시아 산골 밀림 한가운데 노천채석장에서도 계단식 채석을 하고 있었기 때문이다.

물론 한반도 기후조건이 식생도입의 최악의 조건임을 감안하더라도 우리나라의 채석장은 절벽암, 쌓여진 폐석...."이것은 아닌 것 같다". 인도네시아, 필리핀, 홍콩, 중국, 일본 어디에도 계단식으로 채석하고 있었고 복구도 잘하고 있었다. 간혹 생계를 위하여 나무를 남벌하여 훼손하는 나라도 있었지만 말이다. 어느 나라에서도 우리나라 산지관리 법만큼 복잡하고 분량이 많은 법을 보지 못했다. 그 만큼 산지 불법훼손과 법과 규정을 피해가는 것을 이리 막고 저리 막다보니 세부적인 것까지 규정할 수 밖에 없다는 뜻일 것이다. 결국 산지의 무분별한 개발을 막기 위해 산림청 혼자만이 할 수 있는 일은 아니며 민간기술시장에 넘겨 줄 것은 과감히 넘겨 책임을 주고, 산지개발 수요에 대응하는 국가차원의 산지관리 컨설팅 업무를 이제 기술용역업체가 수행해야 한다.

산지개발의 수요자와 기술자의 신뢰를 회복하고 공유하는 길만이 산지관리의 최고의 정책방향이라 하겠다.

〈 캐나다 석회석 채석장을 세계적 정원으로 복구한 사례 〉

〈 영덕 골프장 사면의 사방공법 적용 장면 〉

네 번째는 우리 국민들 모두가 감시자가 되어야 한다.

산지의 개발은 산에서 이루어진다. 요즘처럼 인공위성 사진과 항공사진 등으로 산지훼손을 감시하면 효율적일 것이다. 그러나 그것보다는 하류 마을 사는 주민들과 우연히 지나는 여행객들이 모두 감시자가 되어 주는 것이 더욱 효과가 좋을 것 같다. 산의 경계를 명확히 하도록 관심을 가지고, 비가 오면 점검을 해달라고 요구하는 것이 현실적이며 도시민들도 시민단체를 통하여 관심을 가지고 정기적으로 모니터링을 하는 방안도 검토 되어야 한다. 주민들은 산지개발에 따른 마을 통행세를 내어야하는 관습도 없어져야 한다. 통행세를 마을에 지불하면 개발업자는 훼손면죄부를 받은 것처럼 산지는 훼손과 불법이 성행하기 때문이다.

우리나라 산지관리법은 세계적으로 복잡하고, 체계적이라고 할 수 있다 .

그러나 너무 어려워 일반인이 이해하기에는 어렵고 적용 또한 어렵다. 전문가의 도움을 받아 산지관리법이 모든 이가 쉽게 볼 수있도록 감시자용 홍보책자를 만들어 배포하는것도 좋을 것이다. 산지에 얼마나 오래된 나무가 있는지? 얼마나 큰나무가 있는지? 경사도가 얼마인지? 허가내용은 무엇인지? 등등

우리 모두가 나서지 않으면 산지훼손의 관리를 맡고 있는 지자체의 공무원 행정력을 아무리 늘려도 안되는 일이기 때문이다.

대규모 토석 채취장

산지 전체를 계획적으로 채석하고 완료 후 토지를 이용하며 현장에서 석재를 가공하는 전경 (중국 안국시, 2013)

제2장

산림기술의 어려움

Forest,technology-industry

04_

우면산 산사태

※ 이 글은 2012년 우면산 산사태 발생 후 10년된 지금 우리가 할일을 적었다.

우면산 산사태는 발생 후 오랫동안 원인재조사를 했다. 우면산 산사태 발생이후 많은 사람들이 산사태, 토석류의 관심을 가지게 되었다. 산사태의 복구가 일반토목과 산림토목의 중간에서 생활권 도심사방에서 복구 개념이 정체성을 잃고 지금까지 왔다. 지금은 우면산 복구공법이 무엇이 잘못되었고 무엇이 잘된것인지를 하나 둘 밝혀 둘 필요가 있다. 우면산 산사태 복구 사업은 단위면적당 가장 많은 공사비가 투입되었고 언론에서 가장 많은 질타를 받았기에 지금 시점에서 우리는 무엇을 잃고 얻었는지를 분명 챙겨 보아야 한다. 다시는 우면산과 같은 도심의 산사태가 발생하지 않도록 우면산의 사례를 거울로 삼아야 하기 때문이다.

우면산 산사태의 원인진단을 개인적으로 필자가 해본다면 우면산은 도심의 작은 유역의 산사태로 토석류의 피해를 입었다. 아마 산자락의 10%미만 경사지는 도로와 택지로 개발되어 토석류 정지, 퇴적구간이 없었다. 우면산의 상부에는 군부대가 있다. 우수를 집수정에 받아 우면산 계곡으로 집중 배수한다. 집중호우로 우면산 계곡부 퇴적층이 유수에 의한 포화속도가 빨라졌을테고 포락, 붕락 등이 발생하였을 것이다. 얼마전 모 방송사에서 우면산 산사태 10주년이 되어 실제 원인 규명 프로그램을 만든다고 인터뷰를 요청한적이 있다. 군 부대가 원인인가? 하는 질문에 다음과 같은 복합요소 일거라고 했다. 우면산은 등산로, 약수터, 체육시설, 사찰 등이 있었고, 특별한 배수시설이 없었다. 산지의 산정, 산복부는 아침에 내린 집중호우를 땅속으로 감당하지 못할정도로 토양공극층이 없었을 것이다. 숲은 이미 노령화되었고, 중층, 하층의 숲구조는 없었으며 사람들의 답압으로 황폐지였을것이다. 사면의 물은 바로 계곡부로 흘렀고 계곡부은 이미 홍수위가 높아 계곡부의 침식을 가속화하였을 것이다. 산사태 발생의 여러 조건이 일시에 발생한 것이다. 집중호우에의해 불어난 물에는 썩지 않은 낙엽, 나무가지들이 흙과 썩여 하류로 일시에 내려왔고, 하류의 배출구는 작은 집수정 하나였으며, 배수관은 금방 막혔다. 계곡에 집수된 유수는 산자락의 포화상태를 가속시켰을 것이며 상류의 포락에 의한 토석류의 속도가 증가되어 산자락의 지반도 아무런 지지력을 가지지 못했을 것이다. 우면산은 위와 같은 4가지 이유가 있었으며, 산사태 기작의 원인은 지금까지 강우에 견디어 왔던 모든 조건을 일시에 한계를 넘어 버린 집중호우였을 것이다.

〈 우면산 산지사방 〉

우면산의 복구공법의 구상은 위의 4가지를 충족하는 방안과 차후 우면산을 어떠한 용도로 사용할 것인가를 고민하고 복구가 이루어져야 했다. 당초 산사태가 발생하고 원인과 복구의 연결성을 찾지 못하고 산림조합은 복구를 시작하였다. 응급복구가 시급했을 것이다. 일반 토목학계에서는 지반의 문제로만 산사태의 원인을 몰고 갔고 복구와 연결하는 공법은 전혀 제시 하지 못하였다. 그러면서 타 분야 기술진은 산림공학 기술만 비판했다. 산림공학쪽 학계 및 업계에서는 이미 산림조합이 계획하고, 시공 중인 것이 잘못되어도 잘못이 있다고 말하지 못했다. 확신이 없었던 것일까? 자신이 없었던 것일까? 산림조합의 질타가 어려웠던 것일까? 서울시도 산림청에 산사태가 발생하고 바로 복구부분에 대해서는 help me를 했어야 했던것은 아닌가? 산림청은 먼저 서울시에 산림기술 분야쪽에 도와 달라고 했어야 했던것은 아닌가? 왜 일반토목 교수와 기술자에게 협조 요청을 한것인가?

〈 우면산 계간사방 〉

이제 우면산은 복구가 완료되었고, 최선을 다한 복구라고 생각한다. 많은 사람들의 희생이 있었으며 싸움이 있었다. 더 이상의 복구에 대한 소모적인 논쟁은 그만해야 할것이다. 복구가 완료되고 많은 비가 왔고 우면산은 우려했던 것과 달리 잘 견디어 냈다. 작은 피해가 있었으나 사방공법의 특성상 2차 피해를 유발할 정도는 아니였으며 또한 그것도 복구를 완료하였으며 특히 조기 녹화에도 성공을 하였다. 아마 우면산이 아니였다면 시골 산이 무너졌다면 이렇게 조기 완벽 복구가 되었을까? 복구에 질타하시는 분들께 묻고싶다.

복구가 완료된 시점에서 우리가 중요한것을 놓치면 안되는 일들이 남아있다. 우면산의 복구는 일반 산지복구비의 5배의 사업비가 소요되었으며 전국에서 사방을 잘한다는 기능공과 기술자들이 투입되었다. 우리나라에서 유명한 교수님들께서 자문을 했으며, 과거의 사방공법들, 현재의 첨단 토목공법들이 총망라하여 시공되었다. 또한 수계의 특성상 다양한 돌 공작물과 다양한 녹화 공법의 시험장이기도 했다. 10년이 지난 이제는 모니터링사업을 통하여 그 결과를 바탕으로 새로운 사방복구의 공종의 개발과 유역단위의 생활권사방 모델을 만들 필요성이 분명히 있다. 또한 후세들을 위한 새로운 사방교본을 제시 할 의무를 가진다고 생각한다. 마지막 교육장 인것이다. 다시는 우면산같은 피해도 없을 것이며 복구도 없을것이기 때문이다.

우면산은 계곡 양쪽으로 작업로를 개설하여 복구하였고, 산복에도 계간수로 메쌓기, 찰쌓기 등으로 설치되었다. 10년이 지난 지금 종,횡공작물의 역할 및 수로의 식생의 도입과 성공여부는 조사 해야 한다.

초류종자, 싸리, 7급떼, 새심기, 단끊기 등이 계곡부, 산복부, 햇빛이 잘드는 할지역, 경사에 따라 어떻게 천이가 진행되는지? 조사 후 분석 되어야 한다. 대수면 공사가 진행되어 사방댐에 토석류의 집적 상황과 상류 산복의 침식여부 등이 궁금하다.

산중에 경관을 위해 식재한 식재목의 벙꽃, 국수, 찔레, 가막살 등이 어떻게 될까? 숲관리의 형태는 어떻게 되어야 할까? 돌망태, 식생마대, 식생매트 등 많은 돈을 들인 재료의 내구성 모니터링도 필요하다.

사방댐의 준설을 할것인가? 한다면 얼마마다 해야 할것인가?

차후 댐 대수면 돌수로를 다시 철거할 것인가? 말 것인가?

거대한 돌수로에 과연 식생이 들어온 것인가 안 들어온 것인가? 경보시스템은 어떻게 된것일까? 소일네일링, 녹생토공법은?

〈 우면산의 거대한 콘크리트 흙막이 〉

모두가 궁금하다 빠른 시일에 우면산 복구 후 모든 공작물에 대한 2차 모니터링사업을 하여야 많은 예산을 투입한 가치를 인정 받을 것이다. 차후 집중호우가 발생하여 도시생활권 산사태가 발생하여도 복구공법에 대한 소모적인 싸움은 없을 것으로 판단된다. 모니터링 사업은 현장기술자들이 수행하여 실행교본을 만들고 교육강사 역할을 해야 한다.

이 중대한 우면산 산사태복구 후 모니터링사업은 국가, 지자체 모두 힘을 모아야 할것이며 학계에서도 적극적인 자세로 자발적인 참여가 있어야 한다. 학교, 연구소등에서도 사방의 원리를 가르치는 현장 실습장으로 활용하였으면 한다. 10년이 지난 우면산 산사태 복구 현장은 어쩌면 사방이론, 교본을 다시 고쳐야 하는 일들이 벌어지고 있는지 모른다.

제2장

산림기술의 어려움

Forest,technology-industry

05_ 소나무재선충병 방제기술

2000년에 들어와서 기후변화가 심화됨에 따라 산림병해충으로 산림생태계가 위협받고 있다. 최근 재선충병은 제주도, 부산, 경남, 전남, 경북, 충남 등은 2008년 부터 소나무재선충 특별법에 의거 긴급방제후 2010년까지 감소세가 뚜렸했으나 2013년 전국적인 고온건조현상이 제주도를 비롯한 남부지방에 지속됨에 따라 확산되었다. 또한 참나무시들음병은 2004년도 경기도 성남에서 최초 발생되어 2008년을 정점으로 감소하였다가 2012년 수도권 서울 충북을 중심으로 급속히 피해가 증가하다가 적극적인 방제로 지금은 감소하는 추세이다.

우리나라의 산림병해충 발생은 4대병해충인 소나무에이즈라고 하는 ①소나무재신충병, 경북, 강원도 많은 소나무를 일시에 잃은 ②솔잎혹파리, ③솔잎깍지벌레, 중부지방의 ④참나무시들음병이며 그 외 솔니방 도시가로수의 피해를 주는 흰불나방 등이다. 그 중에서도 최근에 급속도로 피해를 주며 확산되는 재선충병이 가장 무서운 병인 것 같다, 또한 솔잎혹파리와 다르게 어렵게 키운 소나무를 베어도 전염의 이유로 목재를 거의 사용하지 못하며 적기 방제를 놓칠 경우 주변의 나무를 일시에 피해를 준다는 것이다. 소나무는 우리나라 과거부터 우리생활에 가장 밀접한 나무로서 집을 짓고 땔감으로 사용되며 조경용으로 우리나라를 대표하는 수종으로 역사성이 높은 상징적인 나무이다.

소나무 재선충병은 일본에서 우리나라 부산으로 유입되었지만 아직 일본은 재선충과의 싸움을 지속하고 있으나 사실 보전목 및 보전 임분을 제외하면 거의 방제를 하지 못하는 실정이다. 아마 일본에는 많은 삼나무와 편백나무가 있고 우리나라보다 소나무의 중요성에 대해 인식하지 못하는 결과로 볼 수 있다. 그러나 일본의 방제 성공사례는 많은 것 같다. 니지노마츠바라(시가현) 해안숲, 면적이 좁고 떨어져 있는 섬인 오키노에라부 시마(시가현), 엔주가하마(와카야마현)의 해안숲 등은 방제의 성공사례로 널리 알려져 있다. 소나무 숲이 경관적, 기능적으로 중요하면 철저히 방제 한다는 실례일 것이다.

중국 또한 명승지로 유명한 유네스코 세계자연유산과 세계문화유산인 황산의 소나무를 살리기위해 무송벨트를 만들었다. 중국은 황산풍경구 70km까지 재선충병이 들어오자 재선충 격리대를 만들기 위해 4km이내의 소나무를 전부 잘라 버린 것이다. 360만거루나 되는 엄청난 방제사업이였다.

외국의 사례를 보면 우리나라에 현재 급속도로 번지고 있는 소나무 재선충병의 방제의 전략에 좋은 사례로 반영해야 할 것 같은 생각이 든다.
우리나라는 제주도, 부산, 거제도, 김해, 포항, 경주 등에서 대면적으로 발생하고 있는 바 우리가 어떻게 해야 하는지는 분명해지는 것 같다.

제주도는 유네스코 3관왕, 세계7대자연경관의 도시이며 해안을 많이 가졌고 많은 문화재가 소나무이다. 부산, 김해는 우리나라 최대 해양 관광지이며 관문이며 경주는 우리나라 최대 통일신라시대의 유물, 유적을 가진 지역이다. 포항은 소나무에서 주는 가장 큰 혜택인 송이버섯 주산지의 영덕, 울진, 영양, 청송입구에 있어 너무나 중요하다 하겠다. 이 지역들의 방제가 실폐한다면 어떻게 될까? 상상도 하기 싫다. 최근 김해공항, 제주공항의 하늘에서 재선충의 피해를 보면 소나무에 단풍이 들었다고 한다. 가을이 짙어갈수록 재선충의 피해목의 색깔은 짙어지고 있어 겨울이 오면 앙상한 잎이 없는 소나무를 많이 볼 수 있을 것 같다. 큰일이다.

요즘 저에게 많은 분들이 질문하는게 있다. 우리나라의 재선충방제는 실패인가? 아님 아직 방제의 가능성이 있는가"?라고 묻는다. 난 가능성이 있다고 말한다. 단 정말 지자체 장의 방제 의지가 있으면 이라고 단서를 단다. 사실 재선충병은 많은 예산과 인력을 투입해도 방제의 어려움이 있는 것이 사실이다. 방제 시기가 짧고, 전염의 경로 또한 솔수염하늘소 라는 매개충이 병을 옮기기 때문이다. 왠 만한 정성을 들이지 못하면 성과를 내지 못한다. 또한 재선충 방제의 어려운 점은 얼만큼의 면적에 얼마의 본수가 피해를 입은지의 정확한 고사목 조사가 안되기 때문이다. 전쟁시 적군의 숫자와 적군이 어디까지 몇 명이 침투한 정보가 있고 정확해야 전략을 수립하고 전략에 의거 군사와 장비를 이동 시킬 수 있을 것이다. 이에 피해형태에 따른 지역별 방제 전략이 필요한 것이다.

2014년 서부지방산림청에서 시작한 방제전략계획이 전국의 피해실태와 선단지의 구획, 피해별 방제방법의 적용으로 많은 역할을 했다. 그러나 산림청은 2019년 1차 국가방제전략을 한번 수립하고 그 방제계획에 의한 방제를 하지 못했다. 안타까운 일이다. 산림청만 탓할 것은 아니다. 환경부, 기재부 등의 협조가 어려웠을 것이다. 방제목표를 본수에서 면적까지 확대하지 못했다.

재선충방제의 또 다른 핵심은 인위적인 확산을 방지해야 한다. 재선충병의 매개충인 솔수염하늘소는 스스로 옮겨가는 거리가 불과 2-3km로서 자연적인 확산 속도는 그렇게 빠르다고 볼 수 없다. 우리가 땔감용, 건축용, 조경용 등의 감염된 나무의 이동에 따라 확산되는 경우가 많기에 더욱 철서한 이동경로 차단만 한다면 점차 감소시킬 수 있을것이고 완전 방제는 가능할 것이다. 아니 관리가능한 수준으로 갈 수 있을 것이다. 관리가능한 수준의 범위를 2019년 1차 국가방제전략연구에서 전국 방제 전략에서 제시 했고 방제 목표도 제시 되었다. 그러나 그것 또한 시행하지 못했다. 산림청은 어렵게 만든 방제 전략을 믿지 못하고 버린것이다.

여기서 소나무재선충병의 방제를 위한 몇 가지의 제언을 한다면 다음 같은 것이다.

첫째, 재선충 방제로 임업활동을 해야 한다.

소나무재선충 예찰과 방제매뉴얼의 실행과 숙지가 필요하며 방제가 끝날 때까지라도 경험이 있는 공무원의 배치와 전보를 최대한 제한해야 겠다. 지속적인 교육을 통한 기술의 전문성, 책임감 고취가 필요하다. 산지의 최악 조건에서 일할 수 있는 분위기를 만들어 주어야 한다는 것이다. 이제 국민은 소나무재선충병의 재발생에 따른 책임을 반드시 물을 것이다. 예산 지원도 하지 않을 것이다. 가장 심각한 문제는 소나무재선충병으로 임업적 활동을 하지 못하는데 있다. 반출금지구역을 더 세밀하게 하고 선단지 관리를 철저히 하여 벌채, 조림, 간벌 등의 경영활동을 할 수 있도록 해야 한다는 것이다. 전국 산림경영 면적의 50%가 반출금지구역이다. 심각한 것이다.

둘째, 정확한 지역의 발생현황과 발생특성 등의 정확한 조사가 필요하다. 피해면적과 본수가 매번 흔들리면 방제전략은 아무런 효과를 발휘할 수 없으며 투입된 예산과 노력을 수포로 돌아가기 때문이다. 이 엄청난 일을 공무원이 다 할 수 있다는 생각을 버려야한다. 고사목의 제거도 중요하지만 제거된 고사목을 정확히 소각, 매몰, 훈증, 파쇄 등의 절차의 확인이 필요하기 때문이다. 재선충방제에 대한 법률상 정해진 설계, 감리제도가 유명무실해지면서 전국의 피해가 더욱 확산된 것인지도 모르기 때문이다. 2021년 남쪽지방 동해안과 남부, 강원도에 다시 재선충병은 확산되고 있다. 피해 발생 시 군별 피해면적과 본수를 산정하고 지역특성을 감안한 방제계획수립이 지금으로서 절실하다 하겠다. 본수가 줄어 방심한 틈을 재선충병은 잘 알고 있기 때문이다. 종합기술 기반의 방제전략과 실행이 중요하다는 것이다.

셋째, 인접 타 시군간 유기적인 협조체계와 방제전략의 공유가 필요하다. 잘하는 시군이 있어도 옆 시군의 협조가 없이는 방제 효과는 급격히 떨어지기 때문이다. 또한 방재이력 등의 정보의 공유와 숨김없는 현황정보를 서로 공유하고 유기적인 체계가 필요하다. 최근처럼 확산되는 시기에는 산림청에서 직접 방제계획의 수립과 방제방법, 방제 성과를 취합하는 통합적인 방제 시스템을 가동하는 것이 방제에 효과적일 수 있다. 지자체는 방제의 기술이 부족하고, 인력동원능력과 통합방제에 취약하기 때문이며 예산의 확보와 집행 또한 상대

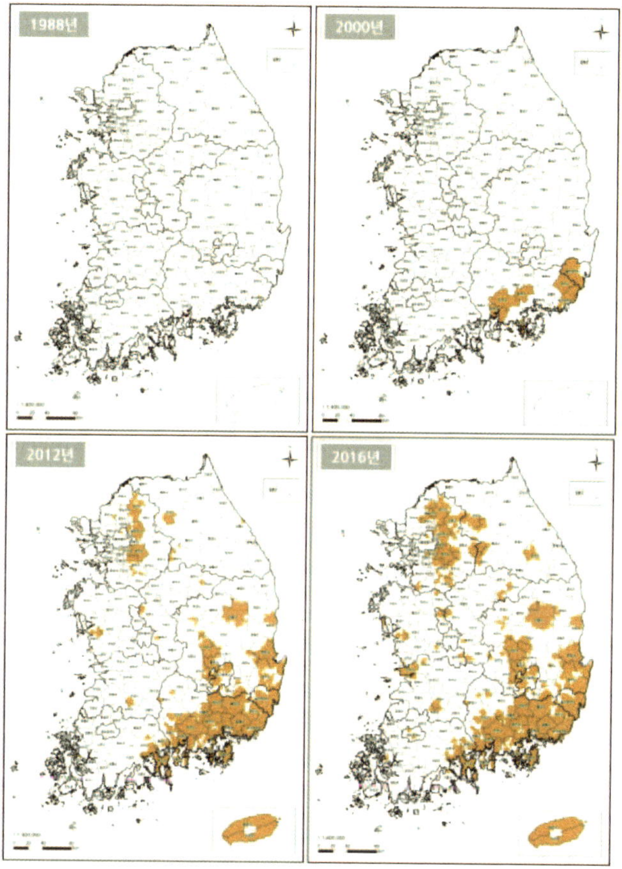

〈 소나무재선충병의 확산 〉

적으로 어렵다는 것을 알아야 할 것이다. 재선충모니터링센터의 역할이 중요한 대목이다. 큰 흐름을 파악하는게 중요하다. 모니터링센터에서도 QR코드와 드론에 의존할 일은 아니다. QR코드 이용방법은 임분전체를 관리하는 방제법이 아니다. 지자체의 어려움을 듣고 해결해주는 방제 컨트롤 타워가 되어 주어야 한다는 것이다. 최근 전국의 확산원인이 기술업체를 믿지 못하고 QR코드에 의한 고사목관리 후 원인이라는 현장의 목소리를 들어야 한다.

〈 훈증포설치전경 〉

넷째, 고사목의 이용에 관한 사항이다. 고사목은 어렵게 가꾸어온 임업인의 자산이다. 훈증, 소각위주의 방제 방법에서 차후 목재로 연료로 사용하는 방안을 모색해야 할 것이다. 그렇게 하기 위해서는 피해목의 수집을 위한 기계화가 되어야 할 것이다. 방제시기가 동일하고 다른 임업적 사업과 겹쳐 있는 것을 감안하면 과감히 임업기계를 이용한 수집과 파쇄기를 이용하는 방안을 모색하여야 할 것이다. 그러나 산림청은 사업시행자에게 기계의 지원과 개발 제의는 없다. 대경재의 피해목은 임내 가공을 적극 모색하고 이에 필요한 기계도입, 판로개척, 2.5cm까지 판재로 사용 할 수 있도록 규정 완화를 시행해야 한다.

〈 피해목 파쇄, 소각 전경 〉

〈 그물망시공전경 〉

마지막으로 정밀예찰을 위한 장비와 인력의 확보가 중요하며 시민들의 민원에 못이겨 보이는 곳 위주의 방제는 없어야 한다. 중요한 방제 1순위는 확산되는 선단지에 있기 때문이다. 또한 시민, 환경단체, 언론들도 방제전략에 의거 열심히 하는 방제기관을 믿고 기다려 주는 여유가 필요하다 하겠다.

우리나라에서 소나무가 죽어가는 것을 막기위한 전쟁을 하고 있다. 전쟁은 자금과 인력, 기술의 삼박자가 잘맞아야 한다. 방제의 우선순위를 결정하고 반드시 살려야 할 소나무는 미리 예방책을 세우야 할 것이다. 국가방제전략을 수립하고 지킬 지역을 먼저 방어 해야 한다. 본수 위주의 방제계획과 실적으로 다시는 재발생을 반복 하지 말아야 한다.

우리나라는 제주도 현장에서 기술자가 연구한 많은 방제 방법이 있다. 세계적으로 없는 상세한 방제선략과 피해도를 만들 수 있다. 이제는 실패하면 안된다. 2005년, 2013년 겨우방제 했다. 2021년 확산되고 있다. 누군가 책임을 져야 한다. 산림의 병해충명 방제를 이제 탄소흡수원 관리 측면에서 바라보는 행정당국의 정책 변화를 기대한다. 소나무병과의 전쟁에서 이기는 날을 생각하고 훗날 좋은 소나무 살리기의 역사를 세웠으면 한다.

제2장

산림기술의 어려움

Forest,technology-industry

06_

미래의 가리왕산

- 2012년 가리왕산 보전복원·계획을 수립하면서

가리왕산을 처음 만난 게 2012년 가을이었다. 이미 가리왕산은 겨울을 맞이하며 멸종 위기종인 산마늘, 위기종인 노랑무늬붓꽃, 백작약, 등칡 등은 겨울 준비로 볼 수 없었으며, 주목과 사스레, 층층나무, 전나무 등의 대경목만 볼 수 있는 시기였다. 필자는 2011년도 11월에 평창동계올림픽 활강경기장 입지선정을 하면서 가리왕산의 대안지로 망항재를 개략조사 할 때 잠깐 가리왕산을 보았는데, 엄마 가슴과 같은 산으로 나에게 인식되었다. 가리왕산은 필자의 지인들이 봄만 되면 연구 사이트로 찾았고 신림유전자원으로 가치를 인정받고 있었기에 필자도 가리왕산에 왜 하필 활강경기장을 건설해야 하는지 너무나 안타까워 대안지를 찾는데 적극적으로 참여한 기억이 난다.

2011년 7월 7일 남아공 더반에서 강원도 평창이 동계올림픽 개최지로 선정되었다는 낭보를 듣고 필자도 환호성을 지르며 반가워했다. 활강경기장의 입지조건을 몰랐기 때문이었다.동계올림픽 활강경기장의 조건을 갖춘 표고 800m, 17도 경사를 갖춘 북향의 산지가 필요했고, 경기운영에 제약이 없는 교통시설이 요구되었다. 최적지가 가리왕산이었고 가리왕산은 2003년 강원도가 동계올림픽을 유치할 때 가리왕산에 시설지원을 약속한 바 있었기에 다른 대안은 없다고 생각했다. 그러나 외국 동계올림픽 활강경기장의 유치와 환경 훼손의 문제야기, 가리왕산이 유전자원보호림이라는 현실 앞에서 우리는 갈등하고 대안지를 찾는 과정에서 혼란이 야기되었던 것이다.

필자는 동계 스포츠의 메카이며 우리나라 최고의 산악지역인 강원도에서 활강경기장 입지를 만족시키는 대상지가 없다는 현실에 좌절했다. 우리나라 인근 일본만 해도 조건에 충족하는 산들과 현재 운영 중인 활강경기장들이 올림픽 개최 조건에 적합한 곳이 많지만 우리나라의 현실은 그러하지 못했던 것이다. 결국 가리왕산에 활강경기장의 건설을 위한 2018평창 동계올림픽대회 및 장애인올림픽대회지원에 관한 특별법이 만들어지고, 산림유전자원을 보전 · 관리하는 산림보호법에 관한 특례가 만들어지면서 급속하게 다른 대안지 없이 가리왕산을 활강경기장으로 내어 줄 수 밖에 없는 현실이 되었다.

유전자원보호구역으로 지정된 가리왕산 훼손의 선행조건으로 보호구역의 보전 · 복원계획이 수립되어 가리왕산의 다양한 산림자원들을 어떻게 보전할 것이며, 부득이 훼손된다면 어떻게 복원하여 후 세대에 물려 줄 것인가에 대한 계획을 수립하는 게 일이었다. 이 작업은 너무나 중요하고 복잡하며 다양한 전문가들이 참여해야 나올 수 있는 계획이고, 우리나라에서도 처음 시행하려는 계획이었다. 그런데 문제는 아무도 이 계획 수립에 참여하지 않겠다는 것이다. 물론 사회적 이슈인 가리왕산 훼손을 자진해서 보전 · 복원계획을 맡아줄 사람이 누가 있겠는가. 필자는 우리나라에 가리왕산 말고는 활강경기장 대안지가 없어 올림픽을 못한다고 물릴 수도 없고, 지금에 와서 대상지가 없다고 할 수 없는 상황이라면 계획수립에 책임을 맡기로 했다.

2012년 가을 새로운 가리왕산의 실태를 파악하기 위한 조사방법이 강구되었고 전국의 산림기술사들이 모여 가리왕산을 체계적이고 과학적으로 조사를 시작했다. 너무나 아름다운 산이며 너무나 귀중한 산림자원들이었다. 유전자보호구역 하단 해발 1,000m 지점의 키가 큰 하얀 빛을 내는 사스레 대경목 군락, 층층나무 대경목군락, 마가목, 시닥나무, 피나무, 들메나무 등 활엽수의 다양한 종이 있었다. 1,200m 분비나무 대경목과 잣나무, 소나무 대경목들이 후계목을 키워가고 있었으며 위쪽으로는 붉은 수피를 자랑하는 주목의 군락이 산복을 따라 띠를 형성하고 있었다. 주목 대경목엔 하나같이 덩굴류가 감겨 초라하게 서 있었으며 신갈나무의 대경목엔 동공현상으로 태풍의 피해를 입어 많은 나무들이 쓰러져 철쭉 군락지에 넘어져 있었다. 산정엔 인가목 군락과 다양한 초본류의 군락지를 조사하여 표시하였다. 모든 초본류와 관목, 아관목, 교목을 전수 조사하여 좌표를 기록하여 식생지도를 완성하였다. 강원도 올림픽 조직위에서 제시한 활강경기장 조성계획도를 검토하여 현장에 대조한 결과 이것들을 다 보전할 수 없다는 결론을 얻었고, 그렇다고 경기장 건설에 다 내어 줄 수도 없는 상황이었다.

〈 복원의 원칙 〉

가리왕산을 지키기 위한 핵심은 노선을 이전, 폐지하는 것이 가장 좋은 계획이였다. 가장 먼저 계획된 노선을 희귀수종과 가리왕산의 특성종을 훼손하지 않는 방안으로 노선 이전을 강원도와 산림청에 요청하였다. 가리왕산의 상징인 중봉과 주목 군락지를 보호하고, 사스레 대경목군락지, 분비나무 모수, 병품쌈 군락지, 금강제비꽃군락지 등의 생육하는 지역에는 노선배치에 제외시키고 노선변경 대안을 제시하며 요청하였다. 몇 번에 걸친 IOC 노선 선정기술자의 방문과 산림청, 올림픽조직위, 강원도, 환경단체가 필자의 연구진과 협의 끝에 당초 노선을 전면 수정하는 좋은 결과를 가져왔다. 이 지면을 통하여 관계자 여러분의 노고에 감사드리고 그 노력이 훼손될 가리왕산에게 최소한의 위안을 주었다고 자부하고 훗날 후손들에게 우리 세대가 최선을 다했구나 하는 말을 들을 수 있게 한 일이라고 생각한다. 노선 이전과 통폐합이 결정되자 보전 · 복원계획의 목표와 원칙들이 만들어지고 다양한 복구구상들이 나왔다.

첫째로 노선의 이전계획은 주요식생 분포지역을 회피하는 8개 지역에서 이루어 졌으며 성공적이었다

둘째는 교목의 이식계획이 수립되었는데, 전나무, 주목, 잣나무, 분비나무로 생육상태가 우수하며 근원직경이 14cm미만으로 한정 하였다. 이식 가능한 최대한의 경급이였다. 굴취 인근지역에 교목이식 생육환경개선 작업을 통하여 당초 숲의 구조와 거의 동일하게 만들어 스키장노선의 좌우에 배치하여 차후 스키장의 개설 후 훼손지에 자연적인 갱신이 가능하도록 하였다. 또한 토양상태. 경사도, 향, 임분상태 등을 정밀 조사 후 이식 대상지를 선정 반영하였다.

주목 전나무 잣나무 분비나무

〈 가리왕산의 후계목들 〉

셋째로 아교목과 관목의 이식 계획으로 철쭉, 함박꽃나무, 참개암나무, 고광나무 등으로 경기장 주요 공지 및 슬로프 좌우 숲 구조가 비슷한 지역에 대

상지를 지정하였다. 사업지 내 이식을 원칙으로 근주 및 포기이식 방법을 채택하였으며 이식 조건은 비슷한 표고, 향, 임내습도 등을 고려하였다.

〈 가리왕산 분비나무와 잣나무 모수 〉

초본류는 이식 대상종으로 현장조사와 흰경부 및 산림청, 국제자연보호연맹 등에서 제시한 보전가치등급기준에 따라 산마늘, 금강제비꽃, 병풍쌈, 금강애기나리 등을 이식 대상종으로 선정하였으며 생육지 인근으로 생육조건을 감안한 표토이식을 계획하였다. 일본 나가노 올림픽 활상경기장 사례조사에서 가장 향후 효과가 검증된 표토의 채취, 저장, 이식방법을 계획하여 반영하였다.

백작약

병풍쌈

족도리풀 태백제비꽃

〈 가리왕산 초본류표토 〉

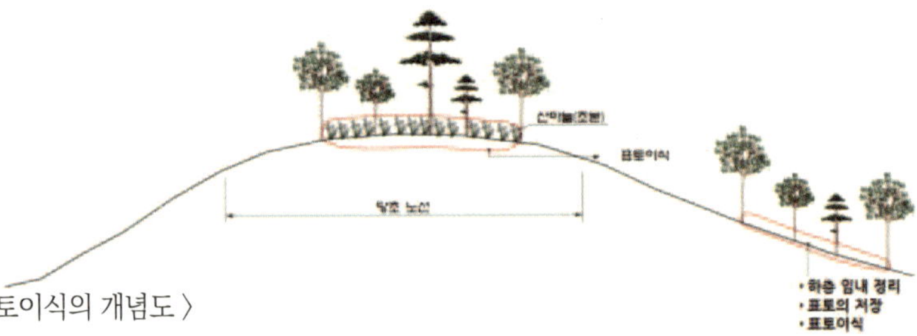

〈 표토이식의 개념도 〉

넷째로 Seed Bank(사업지외 이식)계획으로 가리왕산에 기존의 산사태 등으로 훼손되어 있는 지역과 인공조림지를 대상지로 조사하고, 동계올림픽 활강 경기장 조성으로 인한 훼손이 되는 주요종의 종자를 보존하는 것으로 금강애기나리, 노랑무늬붓꽃, 금강제비꽃, 등칡, 병풍쌈, 태백제비꽃, 주목 등 희귀수종 및 초본을 대상으로 선정 계획하였다.

마지막으로 무엇보다 중요한 것이 후계림을 지속적으로 발생시키는 작업이 필요하여 분비나무, 잣나무 등의 엄마 나무인 모수보전 사업을 실행하고 기존 주목에 대한 덩굴제거 작업 등을 계획하였다. 또한 가리왕산의 자원을 지속적으로 유지 발전 시켜줄 전반적인 숲관리계획 등도 추가 제안하였으며 슬로프 개설 이후 지형의 복원방안과 산지훼손에 따른 2차 피해예방을 위한 사방시설의 설치와 경관 및 동식물의 보존을 위한 토목, 건축, 조경사업의 유의사항도 명시하였다. 가리왕산에 자생하는 비탈면의 녹화 종의 번식과 목본식생의 자연천이 기술까지 다양한 방법을 계획에 담았다.

〈 가리왕산의 주목과 덩굴류 〉

대사초 나도그늘사초 김의털

〈 가리왕산 자생 비탈면녹화 초류 〉

얼마 전 가리왕산은 유전자원보호구역 보전 · 복원계획이 동계올림픽지원위원회의 심의를 거쳐 보호구역은 해제되었다. 이제는 가리왕산이 산림청의 손을 떠나 올림픽조직위원회와 강원도로 넘어갔다. 지금까지 여러 전문가들의 자문과 환경단체의 의견 등이 반영되어 산림청에서 기초를 놓은 상태이다. 앞으로 산재한 문제도 많다. 올림픽 이후에 사후관리를 어떻게 할 것인가? 전면 복구 · 복원을 할 것인가? 계획대로 진정한 우리나라 대표 산지복원사례로 남도록 계획을 실시설계에 담아 시공까지 연결할 것인가? 가리왕산에 나무를 베기 전에 한번 더 계획을 점검하고 전문가 그룹을 공사 마감까지 책임지게해서 기술지원등의 모니터링이 이루어지게 하고 지속적으로 유전자원을 보전 · 복원 할것인가? 모든 것이 강원도가 어떻게 하느냐에 달려 있다. 필자는 2013년도 봄눈이 녹기 시작하는 무렵에 가리왕산을 찾았었다. 얼러지가 피어 임도변이 절경을 이루었고 사스레나무는 여전히 흰빛을, 주목은 더욱 붉은 수피를 자랑하고 있었다. 등칡도 나오고 산마늘도 보았다. 아름드리 신갈나무에서는 다람쥐와 새들도 보았다. 모든 게 우리가 지켜가야 할 것들이다. 다시 숲의 다양한 생태계가 어울려 있는 미래의 가리왕산을 기대한다.

▲ 가리왕산 활강 경기장 조성 전

가리왕산 활강 경기장 조성 후 ▲

가리왕산의 슬로프는 아직 복원 되지 않았다. (2020)

제2장

산림기술의 어려움

Forest,technology-industry

07_

가리왕산 복원과제

2012년 동계올림픽 활강경기장 대상지선정 TF팀에 참여하고, 추후 가리왕산 유전자보호구역을 해제 하기위한 복원, 보전계획의 수립 책임연구자로서 지금은 가리왕산 복원의 문제로 국무조정실 가리왕산 협의회 위원으로서 역할을 하고 있다. 가리왕산의 보전,복원계획을 수립하면서 처음보는 사스레나무군락지, 층층나무, 주목, 노랑무니붓꽃, 전나무를 생각하며 한 그루라도 살리기위해 눈밭을 다닌 동료 기술사들에게 감사한다. 그리고 미안하다. 가리왕산은 당초대로 복원되고 있지 않았기 때문이다. 필자의 기억에는 만항재가 폐탄광지역이라 경기장 사용 후 복원하는 상징성등 대상지는 좋았으나 남쪽 방향에 엄청난 사토의 처리에 문제가 있었던 것으로 안다. 가리왕산으로 대상지가 결정되고 여러 가지를 고민했다. 일본 나가노, 북한의 마식령스키장을 사용하면 어떨까 하는 생각과 무주리조트를 활용하면 어떨까 하는 생각이 였다.
이렇게 지금 복원과 이용의 문제로 고민 할것이었다면 그때 우리는 심각하게 가리왕산에 스키장을 설치 하지 말아야 하는 고민이 필요했던 것은 아닌지 자책한다.

가리왕산 복원은 동계올림픽이 끝나고 바로 복원의 수순을 밟아 지금은 복원이 완료되어있어야 한다. 그러나 강원도가 제출한 복원계획이 미흡했고, 정선 주민들이 곤도라를 올림픽의 유산으로 보전하고 이용하려고 하는 열망으로 아직 복원의 첫삽을 뜨지 못하고 있다. 산림청, 환경부와 강원도, 정선의 갈등은 2018년 5월부터 8월까지 언론에 관련보도가 60건이 넘는 것을 보면 얼마나 심각한 사안인지 알 것이다. 갈등조정 협의회에서도 아직 조정 결과를 내놓지 못하고 있다가 최근 곤도라를 조건부 존치하여 운행 하는것으로 결론이 나왔다.

〈 가리왕산 하봉 훼손지 〉

가리왕산의 활강경기장은 고산지대이며 경사지, 토질 특성 등을 감안하면 재해예방 측면에서도 복원이 시급한 상태이다. 2019년 가을 가리왕산 훼손지를 돌아보고 재해위험성을 협의회 위원으로 보고 했다. 산사태 응급복구한 공법들의 잘못된 적용, 큰 작업도로의 잘못된 배수 시스템, 사면의 침식, 보이지 않는 곳에서 물이 솟아 나오고 있어 계곡부의 토석류 피해 등의 예측 결과를 보고 했다. 특히 곤도라의 기초를 제거하면서 또는 복원을 위한 기초시설을 하면서 더욱 가리왕산이 위험에 처하는건 아닌지 고민에 빠진 것이다. 과연 그럼 가리왕산의 복원계획의 책임연구자로서 지금 현 실태를 감안하여 가리왕산은 어떻게 복원되어야 할까? 몇가지 본 필자의 생각을 이야기 해볼까 한다.

〈 가리왕산 슬로프주변의 살아남은 나무들 (2019) 〉

첫째로, 복원의 관점의 문제이다. 복원의 관점은 생태적, 사회적, 보전적, 문화적 관점으로 볼 수 있는데, 가리왕산 복원은 4가지의 관점이 모두 감안되어야야 한다.

생태적 관점으로 당초 유전적 가치가 있는 지역과 종을 복원해야하고 가리왕산 전체의 생태계을 위협하지 않아야 한다는 것이다. 사회적으로는 강원도, 정선 군민의 이익을 주고 자긍심을 고취시키는 방향이 있어야 할 것이다. 보전적 관점으로는 희귀식물, 표토, 군락지 등은 적극 보전 되어야 한다. 당초 보전계획에 명시한 것으로 목표를 정하면 될 것이다. 문화적 관점으로는 가리왕산의 중봉, 하봉의 상징성과 하류 주민들의 가리왕산의 생각과 문화적 활동 등이 유지 및 보전되어야 할 것이다.

둘째로, 복원의 개념 설정이다. 복원과 복구 사이에서 많은 갈등을 하였다.

사실 가리왕산 훼손지는 복구 · 복원이 같은 개념인데 말이다. 복원은 목표종이 결정되면 그 목표를 위한 기초공사를 하고, 식생도입은 자연천이, 표토이식 등으로 천천히 해야 한다. 사실 주민이 요구하는 곤도라 존치는 사실 복원과는 별 연관성이 없다. 곤도라의 존치여부는 결국 많은 사람들이 이용함으로써 복원의 가치를 훼손하고 다른 지역의 훼손까지 고려한 결정이다. 또한 곤도라로 인한 경관 저해와 곤도라 콘크리트기초부에 주요 종의 서식지가 있거나, 지형 복원의 어려움이 있다면 곤도라는 철거 되어야 할 것이다. 그러나 곤도라는 당초 강원도가 제출한 복원계획, 허가조건에 철거하기로 되어있어 국민과의 약속이므로 철거해야 한다는 것이다. 또한 환경단체들은 무조건 그 약속을 지키라고, 강원도에게 요구하고 있는 실정이다. 그런데 주요 서식처가 곤도라 기초에 부지가 포함되어도 완벽한 복원은 어렵고 철거 시 추가훼손이 우려되었다. 더 큰 훼손이 불가피한 것이다.

〈 가리왕산 슬로프 훼손지 〉

셋째로, 복원의 목표설정이 명확해야 한다. 목표는 식생, 지형, 기초공사인 재해예방으로 나누어 설정해야한다.

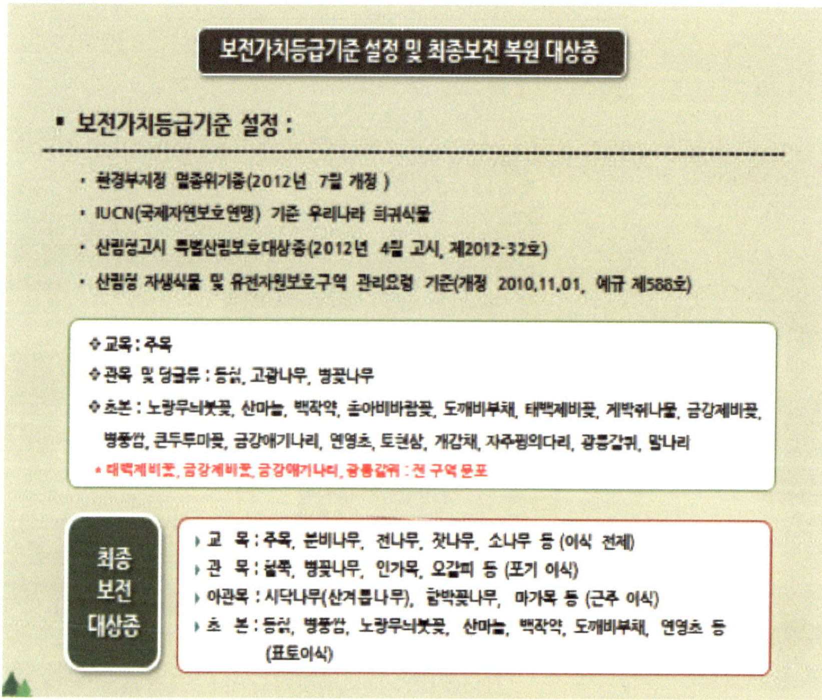

〈 가리왕산 복원 대상종 〉

목표식생은 당초 계획에서 제시한 식물종(동물은 제외), 교목이 천이 가능토록하는 것이다. 목표지형은 식생, 바람, 강설, 유역, 도양 등을 원상태로 해야 한다. 목표식생과 지형을 유지할 수 있는 기초공사(재해예방공사포함)는 가리왕산의 자연환경과 일치되어야 할 것이다. 부가적으로 복원은 생태계와 그 지역의 사람을 위한 일들임을 감안하면 그 답이 있을 것이고 당초 복원계획의 목표를 수행하는데 지장이 없는 한도 내에서 사람이 이용할 수 있도록 하는 방법도 복원의 한 방법이라 생각한다. 또한 체험, 휴양, 치유, 주민소득 등의 방안도

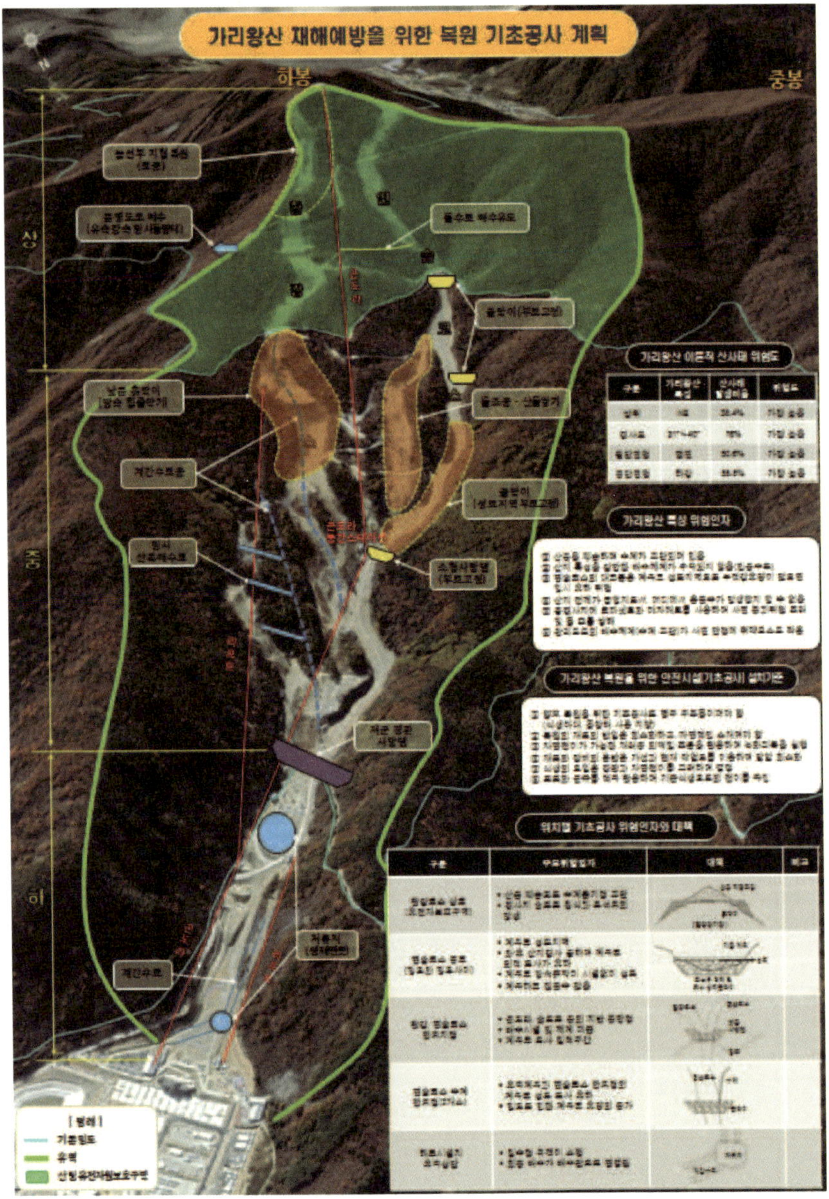

〈 가리왕산 복원 구상도 〉

검토되어야 완벽한 복원이라 할 수 있을 것이다.

네 번째, 복원의 기능에 따른 복원구역을 설정하는 것이다.
유전자보호구역의 보전 · 복원계획 (92ha) 중봉, 하봉(제외) 60ha 정도이며 현 실태를 감안하면 앞쪽의 복원 기초공사 계획도면과 같이 구역이 설정될 것이다.
"상"구역은 반드시 유전자 보호림으로서 반드시 당초 식생을 복원해야 한다. 시간을 30년이 걸려도 하봉과 기존 산 등, 계곡, 작업도 등에 정밀 복원이 필요한 구간이며 이 구역은 환경단체, 국민들과의 복원 약속구간이다.
"중" 구역은 절대 복원 필요지를 보호하면서 하류의 재해예방에 주력해야 하는 구간이다.
"하" 구역은 가리왕산을 복원하기 위한 전초기지이며 교육, 체험, 연구하는 구역으로 복원하자는 것이다.
그리고 주민들이 이야기하는 올림픽의 상징성과 지역발전 등을 고려해야 하는 구역이다. 본 필자는 "상", "중", "하"구역을 전면 복원하면서 이러한 목표와 기능을 감안하여 복원하자는 것이고 결국 모두가 상생하는 길일 것이다.

하루 빨리 가리왕산이 원래의 모습으로 돌아가는 날이 왔으면 한다. 이제 누구의 책임으로 돌리는 것보다 같이 함께하는 복원으로 가야 할 것이다

제2장
산림기술의 어려움

Forest,technology-industry

INSIDE

08_ 산림재해와 감리제도개선

산사태를 예방하고, 산사태를 복구하는 주체가 산림기술자와 용역업체들이다. 특히 꼼꼼히 챙겨 재해가 발생하지 않도록 하는 최전방 산 속에서 근무하는 감리일 것이다. 그러나 감리기술자는 너무나 적은 대가를 받고 먼 현장을 가고 공무원과 시행자의 교량 역할을 하고 민원을 해결한다. 감리수행의 어려움으로 산림 재해사업이 흔들리고 있다. 또한 최근 산사태 현장 또는 산사태 취약지구를 조사하다 보면, 산지에 인접한 주택의 많은 시민들의 불안함을 엳볼 수 있다. 밤에 비만 오면 뒷산이 무너져 내릴 것 같은 생각에 잠을 이룰 수 없다는 이야기이다. 단기간의 집중호우는 어떠한 입지의 산지도 무너져 내릴 수 있다는 두려움을 가지게 하였으며, 그러한 이상기후는 여름이면 항상 발생할 수 있는 기후 패턴이 되어 버렸다. 이러한 재해에 대응하기 위하여 산림청이 존재한다. 산림청은 산지재해관련 뿐만 아니라 산림조성, 산지관리 및 산림보호등 업무를 주관하고 있으며, 산사태로 인한 인명 및 재산피해를 최소화한다는 목표아래 사전예방, 신속 대응체계 마련, 산사태 재발방지를 위한 원인조사 및 복구에 많은 노력을 기울이고 있다.

산림청은 체계적인 산사태 방지를 위하여 산림보호법에 의거 '전국 산사태 예방 장기대책'을 5년마다 수립하며, 이와 연계하여 전국 산사태 예방 연도별 대책을 수립 시행하고 있다. 그러나 사방공사가 필요한 현장의 상황과 제도는 다소 맞지 않는다는 생각이다. 현장에서는 그 좋은 정책을 받아 수행해 줄 우수한 업체와 기술자들이 있을까? 라는 생각이다.

사방사업은 산림자원의 조성 및 관리에 관한 법률, 사방사업법, 산림보호법에 의해서 계획되고 시공되는 사업이다. 타분야의 사업은 사업을 하기전에 시행사 또는 용역사에 의한 계획, 설계단계를 거치며, 시공사에 의하여 시공되어지고, 감리가 필요한 경우 특정 법령에 의하여 감리가 시행사의 감독업무를 대행 또는 보조하여 관리하게 된다. 산림재해사업 즉 산림토목사업 역시 그러한 과정을 비슷하게 가지고 실행 되고 있다. 이 과정에서 타분야와 다소 차이가 있는 부분이 있다면 그것은 감리부분일 것이다.

〈 부산 생활권 산사태 발생전경 〉

우리는 최근 감리와 관련된 몇 가지 뉴스를 접할 수 있었다. 지난 7월 발생한 노량진 상수도공사장 수몰사고 및 방화대교 상판 붕괴사고로 인한 인명피해 현장은 전면 책임감리를 실행하고 있던 사업 현장이었으며, 공사완료 후에 제보로 발견된 인천 청라지구 푸르지오 아파트 부실시공은 감리의 부실에 따른 사고라고 밝혀졌다. 사례에서 보듯 일반 건축공사 현장에는 책임감리가 있다. 그런데 재산과 생명을 보호해야 하는 산림재해사업에는 아직 책임감리가 없다. 제도 자체가 없다는 것이다. 산림부문의 감리는 시공감리로써 시행 감독관의 업무를 보조하는 수준의 감리라는 점에서 문제점이 있다는 것이다. 산림재해분야 만이라도 책임감리가 반드시 필요한데 없는 것이다.

시공에 대한 감리제도를 도입하고 있는 분야는 건설 및 토목, 건축, 주택, 광해방지 등 여러 분야에서 시행하고 있다. 감리는 감리유형 및 책임범위에 따라 책임감리, 검측 감리, 시공 감리 등으로 구분하여 시행하고 있다. 예를들어 건축분야의 경우 일반 건축물 및 공공건물 공사에 대한 감리을 시행토록 하고 있으며 수행할 수 있는 자격은 건축사와 감리전문회사 등을 인정하고 있다. 그리고 책임 감리제도가 시행 중이다. 우면산 산사태 복구 시 사방사업법에 책임감리 제도가 없어 서울시는 복구에 어려움이 있었다. 아직도 우면산 산사태와 같은 대규모 피해지의 복구를 위해서 책임감리제도 도입은 없다. 건축기술관리법에서 감리를 전문적으로 수행하기 위하여 감리전문회사를 등록기준에 의거하여 등록토록 하고 있다. 이와 같이 감리업무는 별도의 등록조건을 가진 자격자로 하여금 독립적으로 실행하는 것이 타분야의 일반적인 행태이다. 우리도 산림기술법의 종합등록 면허를 가진 전문업체 등에 책임감리의 고유 권한을 부여 하는 것을 검토 해야 한다. 산림재해분야에 우선 시행해야 한다. 재해분야는 공사에 대한 책임 한계가 명확하고 완벽해야 하기 때문이다.

전문감리업 제도가 없는 상황에서 산림용역업을 담당하는 기술사사무소나 엔지니어링사업자가 감리를 하는 것은 어쩔수 없는 현실이다. 시공을 담당하는 업체에서 설계, 감리를 담당하는 것은 여리기지 문제를 가져올 수 있다. 물론 산림기술법에서 산림사업법인은 감리 업역을 내려 놓았지만 산림조합은 여전히 산림기술법에 등록하여 감리업무를 수행하는 자격을 가질 수 있기 때문이다.

감리는 시공품질을 극대화 하기 위하여 현장과 시공사를 감독하는 업무가 부여된다. 설계사는 예산 산출시 규정과 품셈의 기준에 충실하면된다. 이렇게 설계사와 시공사, 시공사와 감리사는 어느 정도의 긴장과 견제를 통하여, 각자

〈 춘천 임도사면의 붕괴 〉

의 업무를 수행하는 독립적 업체이어야 한다. 산림업체 간의 시공과 교차감리로 인한 봐주기식 시공감리로 변질될 개연성을 내포한 제도라면 하루 속히 바꾸어야 할 것이다. 또한 현재의 산림토목사업은 주로 광역지자체 또는 단위 시, 군에서 발주 및 시공하고 있다. 지자체 내에는 용역사와 시공사의 숫자가 한정되어 있고 한 회사에서 용역업과 시공업을 동시에 가졌다면 부실시공과 부실감리로 이어질 수 있다는 것이다. 감리제도를 보완해야 하는 이유이다.

감리업무는 특성상 그 분야의 고도의 지식과 문제해결 능력을 가진 자로 하여금 수행토록 하는 것이 바람직하며 이러한 내용은 국가기술자격법이나 기술사법, 엔지니어링 기술진흥법 등에 명시되어 있다. 감리제도를 활성화 하여 사업의 질적 향상을 도모하기 위해서는 시공과 감리는 엄격하게 분리되어야 할 것이다. 산림재해 사업은 더 철저히 지켜져야 한다.

산림토목사업 시공감리의 또 하나의 문제는 감리업무 종사자들의 자격관리 및 지속적 보수교육이 이루어지지 않고 있다는 것이다. 최근 산림기술법에 의한 등록, 교육을 받고 있으나 제도적 안착과 교육내용 보완은 시간이 필요해 보인다.

위에서 언급한 것과 같이 감리는 각 현장별 문제 발생시 해결방안을 모색하고 당사자간 의논할 수 있어야 함에도 불구하고, 현 제도 하에서는 대학을 졸업하고 기사자격증만 취득하면 업체에 자격증을 대여한 경력으로 감리를 수행한다.
산림부분의 감리자도 타분야와 같이 엄격한 자격관리를 통한 경력을 바탕으로 자격이 주어져야 하며, 지속적인 보수교육을 통한 제도 발전을 꾀해야 할 것이다. 또한 감리의 대가를 실소요 경비와 인건비를 계상하여 감리자가 성실히 업무를 수행할 수 있는 기반을 마련해주어야 한다. 특히 산림재해분야에는 업체와 기술자에 대한 엄격한 등록과 의무제도 도입이 검토되어야 한다. 공사비 요율 방식은 규모가 상대적으로 적은 산림재해 사업에는 적절하지 않다. 실제 소요되는 비용을 지급하여 안전한 사업을 보장받아야 한다.

산림재해사업은 자연을 바탕으로 이루어지는 사업으로 변화의 수가 다양하여 많은 경험을 요하는 사업이다. 국지적 폭우, 몰아치는 태풍 모두가 자연현상으로써 인간의 힘으로 관리하는 것은 매우 어렵다. 다만, 우리의 재산과 인명피해를 최소회하기 위하여 지속적인 예방사방시설의 확충이 필요하다. 이렇듯 효과적인 산림재해 관리를 위한 초석은 현장에 있다고 여겨진다. 산림재해사업의 효율적 실행을 위한 감리제도의 변화를 기대한다.

제2장

산림기술의 어려움

Forest,technology-industry

INSIDE

09_

숲가꾸기 사업확대

최근 어느 일간지에 이상한 논리의 숲가꾸기사업의 무용론을 보았다. 숲가꾸기를 하면 "위험한 숲"이라는 것이다. 숲가꾸기를 하면 비가 올 경우 급격한 유수의 유출량을 늘여 재해의 위험성이 있고, 숲가꾸기를 하면 대기에너지의 흡수를 저해 한다는 것이다. 산림의 재해를 연구한 필자로서는 도저히 이해하지 못하는 논리이다. 그리고 숲가꾸기사업하고 토양변화, 유출량 변화와 관련해서는 수종, 임종, 지질, 토양등 너무나 많은 인자들이 관여하기 때문에 단기간에 규명은 어려운 것인데, 일반적인 숲가꾸기 효과를 부정하는 것은 최근 숲가꾸기사업의 필요성이 대두되고 있는 대외적 분위기에 찬물을 붓는 것으로 판단된다.

필자의 생각은 두 개의 부정적인 인자는 보편적 상식과 교과서적으로는 숲가꾸기를 적극적으로 실시해야만이 역할을 증대할 수 있다는 것이다. 숲가꾸기를 하면 산림에 빛이 들어오게 되고, 그 빛은 다른 종자의 발아를 촉진하고 초본, 관목 등이 유입되어 숲의 다층구조를 가지게 될 것이다. 강우가 수관에서 증발하는 것을 임내로 유입시켜 토양을 비옥하게 하고, 강우를 보유하는 공극을 늘려 줄 것이 때문이다. 또 산림토양에 머물러 있는 물은 상대적으로 온도가 낮아 계곡을 따라 솎아베기, 가지치기한 결과로 넓어진 공간 사이로 찬공기는 뜨거운 지역으로 흐르고 전체 도시의 기온을 낮추는 역할을 하기 때문이다. 또한 집중강우 시 상층 수관, 숲의 중층의 아관목과 관목에 떨어지고 또 조용히 풀에 떨어져 땅으로 스며들기 때문에 표토의 침식도 줄어들기 때문이다.

숲가꾸기사업이 기후온난화에 의한 기온상승과 강우 시 피크유출량의 증가의 문제는 오랜 연구가 필요하다고 하더라도, 더 이상 우리나라 산림의 숲가꾸기사업을 미룰 수 없는 실정이다.

최근 문재인 대통령은 "탄소중립은 기후 위기에 공동 대응하기 위해 세계가 함께 나아가야 할 방향"이라며 "국가적으로 차분하고 냉철하게 준비할 필요가 있다"고 말씀하셨고, 에너지 전환 가속화 방안을 다각도로 강구해달라. 화석연료 중심에서 친환경으로 전환하는 로드맵을 정교하게 가다듬어 달라고 주문했다.

바로 우리 산림분야에서 숲가꾸기사업으로 대응해야 할 사명이 주어진 것이다. 또한 미국 대통령 후보자인 바이든은 "2035년까지 전력 부문에서 탄소배출을 없앨 것"이라며 화석 에너지를 대체 에너지로 전환하는 과정에서 수백만개의 일자리를 창출할 수 있다고 공언했으며 일본, 유럽도 경쟁적으로 탄소중립을 통한 새로운 산업과 일자리를 확보하고자 한다는 것이다. 전 세계적으로 산림자원에 의한 관리가 탄소중립의 흡수원으로 가는 유일한 길임을 인식하고 있는 것이다.

지금이야 말로 새로운 차원의 숲가꾸기사업을 적극적으로 시행해야할 시기인 것이다. 최근 필자는 코로나19대응 그린뉴딜사업과 탄소흡수원에 관심이 많고 핵심이 숲가꾸기사업으로 안다. 숲가꾸기 사업으로 경제활성화의 기반을 조성해야 한다는 것이 시대적 사명으로 생각한다. 그리고 대외적인 여건도 그렇다.

첫째로 우리나라 산림의 70%정도가 40년 이상 노령화되어 있으며 더 이상 영급의 조정을 늦출 수 없는 실정이며 산림을 관리하지 않으면 자원화도 공익적 기능의 기대가 어렵다는 것이다. 경제림의 벌채사업과 불량림의 갱신조림은 목재가격 등 여러 가지 이유로 어렵고 느리다. 우리 실정에 맞게 숲가꾸기를 통한 산업화가 마중물 역할을 해주어야 하다. 숲가꾸기 산물을 통한 목질계 바이오매스의 안정적인 공급량의 확보와 산업용재의 공급이 필요한다. 국내는 그간 목질계 바이모매스의 발전 수요 급증과 국내산업의 여건의 미비로 수입에 의존하고 있어 시급하게 숲가꾸기산물의 공급을 늘려야 하는 시급한 실정이기 때문이다. 벌채도 어렵고, 재선충 피해목도 줄고 있기 때문이다.

둘째로 숲가꾸기사업은 산촌의 정주권 확보와 경관, 생태, 환경에 중대한 역할을 한다. 산촌의 활발한 경기는 인력 고용력이 좋은 숲가꾸기사업이 가장 효과가 좋다. IMF위기때 숲가꾸기를 시행한 결과 고용흡수 효과는 1998년 545억원을 투입하여 연간 1,475천명의 실업자를 흡수하였고, 1999년에는 1,766억원을 투입하여 연간 4,820천명의 실업자를 흡수한 것으로 보고되고 있다. 그뿐이 아니다. 숲가꾸기를 위한 산물 운반로가 개설되고, 지역의 굴삭기와 임업기계가 움직이게 될것이 분명하기 때문이다. 칡덩굴과 어두운 숲에 빛이 들어오면서 건전한 산림, 보기좋은 산림, 접근하기 쉬운 산림으로 우리 국민들에겐 휴식공간으로, 산주들에게 수익을 줄 수 있어야 한다.

셋째로 지금까지 숲가꾸기사업 등에 투입된 2,300여개 시공업체와 19,000여명의 고급 기능인과 기술자의 일자리가 줄고 있고, 목재생산 및 숲꾸기사업 기술이 정체 및 쇠퇴하고 있다는 것이다. 어렵게 양성한 기술자들이 최소한의 생계가 유지될 수 있도록 산림자원을 관리하고 향후 우리나라 산림경영의 경제성을 확보하게 하는 길이 숲가꾸기 밖에 없다는 것이다.

마지막으로 우리나라의 산림은 기후온난화에 의한 이상기후에 따른 집중호우. 폭설, 산불, 산사태 등과 병해충에 엄청난 피해를 보고 있다. 숲가꾸기(위생간벌)로 소나무재선충병, 산불, 산사태의 예방이 절실하다.
더 이상 대대적인 숲가꾸기사업을 미룰 수 없다. 지금 우리의 숙명과도 같다. 현재의 숲가꾸기사업의 물량으로는 턱 없는 부족하다. 먼저 숲가꾸기 대상지를 150만ha 이상 확대하고 산주를 설득하는데 예산과 조직이 투입히여야 한다. 숲가꾸기 예산은 한시적 특별법을 만들어 대응해야 한다. 코로나 대응 뉴딜정책에 숲가꾸기사업을 적극 반영해야한다. 그리고 숲가꾸기사업이 주민, 시민, 환경단체가 협력하는 체계를 만들고 대국민 홍보를 시작해야 할시기이다.

제3장

산림기술의 역할

Forest,technology-industry

INSIDE

01_ 북한 산림 복구기술

2018년 4월 27일은 남북관계에 있어 역사적인 날로서 처음으로 판문점 남측 '평화의 집'에서 정상회담이 열렸으며, 회담 결과 '한반도의 평화와 번영, 통일을 위한 판문점 선언'이 발표된 날이다. 7월 4일에는 4.27 판문점 선언 이후 최우선 협력 의제로 떠올랐던 산림협력을 논의하기 위해 남북산림협력분과 회담이 있었다. 이 자리에서 북한은 양묘장 현대화, 임농복합경영, 산불방지 공동대응, 시방공사, 산림병해충 방제, 산림과학기술 등에 대한 관심을 표명한 것으로 전해진다.

산림청은 국제사회와의 협력을 기반으로 제재 범위 안에서 추진 가능한 사업을 선별하여, 남북 협의 하에 관련 사업을 시행해 나갈 예정이다. 양묘장 조성에 필요한 시설, 묘목과 병해충 방제에 필요한 약제 및 기자재 등 대북제재 위반소지가 크지 않을 것으로 판단되는 항목의 사업을 우선적으로 추진한다는 것이다. 산림협력을 구체화하기 위하여 8.8일에는 금강산에서 양측이 만나 병해충 공동방제를 위한 기술적 논의도 진행되었다 한다. 그러나 우리측의 관심이 많은 북한 산림황폐화 복구에 대한 세부사항들은 아직 논의되지 않은 것 같아 산림기술분야 모두가 구체적인 사업진행을 차분히 기다리고 있다. 본격적인 남북산림협력사업을 준비하면서 사업규모 및 국내 임업분야 활성화에 큰 영향이 있을것으로 예상되는 북한산림황폐화 복구의 기술적 접근에 산림기술자로서의 역할이 무엇인가 대하여 생각해보고자 한다.

북한의 산림 황폐화 현황

통일부 자료에 따르면 2008년 기준 북한 산림 면적 899만ha 가운데 32%에 해당하는 283만ha가 황폐화되었고 이는 1999년보다 121만ha가 증가한 것이다. 또한, 통일부는 해외 자료를 인용해 북한의 산림 황폐화 정도가 전 세계적으로 나이지리아와 인도네시아에 이어 세 번째로 심각하고, 산림 황폐화로 인한 홍수와 산사태 등으로 사회 · 경제적 피해가 가중되고 있다고 한다. 북한은 김정은 정권 출범 이후 산림녹화 추진을 강조하고 있지만, 산림 병해충 피해와 산불 발생 등으로 주민들이 연료 대용으로 나무를 쓰면서 산림 상황이 개선되지 않고 있는 것으로 판단된다.

〈 북한의 산림황폐화 면적 변화연구결과 〉

구분	선택면적	입목지	황폐산림			
			소계	개간산지	무립목지	나지
1999	916.57	753.40	163.17	97.20	53.35%	12.62
2008	899.25	615.45	283.80	132.20	141.33	10.27
증(△)감	△17.32	△137.95	120.63	35.00	87.98	△2.35
비율	△2%	△18%	74%	36%	165%	△19%

자료 : 국립산림과학원 산림정책연구부(단위 : 만ha)

북한의 산림 황폐화 유형과 대책

2017년도 필자는 북한산림황폐회 복원 연구에서 살펴보면, 북한 산림 황폐화는 1)무입목지, 2)개간산지, 3)산림훼손지가 대표적인 훼손 형태이며, 일부 지역은 다양한 유형이 복합적으로 발생하는 특성이 있다. 북한의 산림 황폐화 유형별 특징을 살펴보면 다음과 같다.

첫째, 무입목지는 산지이면서 비탈면과 사면, 계곡부 전체가 초지형태로 존재하고, 산림황폐지 중에서 가장 많은 유형으로 판단된다. 특히, 90년 이후로 북한 군대와 인근 주민 지역의 경제난으로 인한 연료 부족으로 취사와 난방용으로 화목을 이용하면서 초지 상태가 지속되고 있는 실정이다. 무입목지의 조림 후 반드시 생활용 화목과 연료대책이 따라야 할 것이다.

〈 북한지역의 무입목지 전경 〉

둘째, 개간산지는 북한 민통선 지역에서 반복적으로 나타나는 형태로 군부대 주둔지와 주민 거주지 및 마을 주변 산자락에 주로 분포한다. 대부분 다락밭으로 사용하거나 훼손산지로 방치되어 토사유실, 산사태 등으로 이어지므로써 향후 북한 산림황폐화 대책에서 기술적, 정책적 측면에서 중요하게 다루어져야 할 유형이다. 농.임산물의 생산성 향상을 위한 퇴비와 비료의 계속적인 공급이 필요하며 산지의 등고선을 따라 흙막이 시설로 침식과 붕괴를 최소화해야 할 지역이다.

〈 개간산지 사진 〉

셋째, 산림훼손지는 산림 황폐화로 인해 재해가 발생한 사례, 주로 산사태 발생지역으로 산사태 및 토석류 유출로 하상이 매우 높아져 있어, 홍수 및 하천 범람 등의 재해위험성을 높이는 원인에 해당하는 유형이다. 주거지 주변의 산사태방지 시설을 설치하고 마을 계류는 계류복원 사업을 통하여 안정된 주거환경개선이 필요하며 특히 경관과 소득사업을 감안한 복합적사업이 필요하다 하겠다. 특히, 조림수종선택에 유의해야 할 것이다.

〈 북한지역의 산림훼손지 사진 〉

〈 북한지역의 산림훼손지 사진 〉

넷째, 혼합형은 산지이용과 산사태가 복합적으로 나타난 지역으로서 다락밭 주변에서 군사시설 및 군부대 주변에서 주로 나타난다. 다락밭 지역에 산사태가 발생하여 주변의 다락밭과 산사태 발생지역이 함께 존재하거나 또는 산사태 지역이 황폐지역으로 전락한 경우의 유형이다. 체계적인 산지사방과 토석류의 제어 시설을 설치해야 한다.

북한의 산림 황폐화 복구기술

북한의 산림황폐화 복구 기술은 유럽, 중국, 여러빈의 한국과의 교류를 통하여 어느정도의 수준에는 와 있을것으로 판단된다. 특히 임농복합경영기술, 양묘기술, 기계. 장비보다는 인력에의한 시공기술등은 여러 문헌 및 위성자료에서 확인되고 있는 상황이다. 특히 산불, 병해충방제등에는 정책으로 상당히 관심이 많은 분야기기도 하다.

먼저 임농복합경영을 통한 경사지 관리임농복합경영 기술은 북한의 산림을 효과적으로 이용하는 한편 추가적인 훼손을 억제하는 선도적인 경영방법이 적용된 기술연구 결과라 할 수 있다. 기술서적에는 기초적인 원리와 채종, 양묘, 관리 등의 임업 전반에 대한 내용과 북한사회 내에 관련 체계를 전파하는 방안까지 포함되어 있다.

〈 임농복합경영 관련 기술서적 〉

〈 스위스 SDC에서 배포한 북한의 경사진관리 사진자료 발췌 1 〉

북한은 사방기술 관련 기술로서는 국내의 사방기술 및 산림복구 · 복원과 유사한 기술서적과 현장적용을 하고 있는 것으로 판단된다. 특히 장비에 의한 사방사업이 아닌 선농방식에 의한 인력 돌쌓기, 유역관리사업을 통한 소득연계 사업 등이 어우러져 자연친화적이며 경관적으로도 우수하다고 할 수 있다. 그러나 일부지역에서 국한되어 있는 것으로 판단되며 우리 한국과 협력하여 사업확장을 해야 하는 중요한 사업으로 판단된다.

〈 남한의 사방기술과 유사한 북한의 기술서적 〉

북한의 산림분야 협력에 산림기술자들의 역할

산림기술자의 역할은 현재 분위기로는 제한적일 것으로 판단된다. 아직 대북제재가 여전히 유지되고 있는 상황이고 북한이 우선 요구하는 것이 병해충의 농약, 양묘시설 등에만 관심이 있기 때문이다. 남북 산림협력사업이 더 진전되어 병해충, 산림황폐화의 실태 공동조사와 기본계획을 수립할 난계에서의 역할을 기대하여야 할 것이다. 다양한 병해충의 방제계획과 사업 실행시 현장기술지도, 보호림의 관리기술과 산불방지 시설과 인분관리기술, 조림지 설계등에서 역할이 있다 할 것이다.

북한 산림복구에 앞서 우리 기술자들은 다음 사항을 염두에 두고 추진방향을 정해야 할 것이다.

첫째, 북한의 산림복구는 우리나라의 70년, 80년대 세계적으로 인정받는 사방사업기술 수준을 넘어 여러 시대적, 지리적 특성을 감안한 기술이 적용해야 할 것이다. 우리의 사방지는 녹화 우선정책에 따라 생태, 문화적, 환경적, 광관적 요소를 전부 고려하지 못한 복구개념이였고 최근엔 전통 사방기술이 기능인들의 고령화, 기계화, 복원용재료 선택의 어려움등으로 쇠퇴하고 있는게 사실이다.

둘째, 북한의 산림복구 대상지의 큰 틀에서 여러복원 인자를 감안한 기능 설정이 중요하며 대상지의 환경진단과 복구 필요성 분석을 통한 성공을 전제한 완벽한 기술이 적용되어야 할 것이다.

셋째, 산림협력사업이 병해충, 훼손지 복구에 국한하지 않고 전반적인 임업으로 확대가 필요하며 북한지역 마을보전 및 경관사업, 자생식물보전, 산지복원, 계류복원, 전통숲과 노거수관리, 서식처 조성, 정주권 확보를 위한 소득사업, 산촌생태관광, 문화 등이 어우러지는 기술이 필요하다 할 것이다.

마지막으로 우리 임업정책과 기술은 일본, 독일등에서 가져와 많은 시행착오를 겼었다. 그것을 북한에 바로 적용하는것은 절대 금물이다. 북한지역에는 너무나 중요한 금강산, 백두산, 개마공원등 수많은 자연유산이 있으며, 지금시대에서 포기할 수 없는 개끗한 하천, 계곡, 마을이 있다는 것이다. 차분히 산림분야협력의 신뢰회복이 중요하며 그 때까지 우리는 북한지역과 유사한 민북지역에서 여러 복합적으로 북한지역에 적용할 임업기술 및 정책을 정리하며 대비 해야 할 것이다. 특히 대북지원용 묘목은 민북지역의 복원용으로 사용하여 적응시험을 거치면서 양묘장 운영을 활성화 해야 한다. 또한 기술이 기반되는 단체를 남.북 협력 사업에 동참할 수 있는 정책도 병행되어야 한다는 것이다.

백두산 정상부 훼손지와 침식 (2018. 중국 북파)

압록강 건너에서 바라본 북한지역의 산지 (2018)

제3장

산림기술의 역할

Forest.technology-industry

INSIDE

02_

DMZ, 산림복원과제

지난 2015년에 한반도를 갈라놓은 248㎞ DMZ와 민통선지역 등에서 산사태 위험지 및 훼손지의 주요 식생을 조사한 적이 있다. 이 곳은 60여 년간 민간인 출입이 제한되어 고스란히 원형을 간직하고 있다. 자료에 따르면 DMZ 일원 중 산림이 71.7%인 54만㏊를 차지하고, 우리나라 자생식물의 30%에 해당하는 1,500여종의 식물이 분포하는 것으로 알려져있다. 특히 산림은 물론 습지, 하천, 해안 등 다양하고 보전 가치높은 생태계로 세계적인 관심이 높다.

〈 DMZ 계곡부를 훼손하는 도로건설 〉

그러나 현장을 조사해 보니 DMZ 산림관리가 매우 시급하다는 점을 실감했다. 이 지역은 군사적 필요에 의해 벌목과 산불 발생이 반복되고 있으며, 작전도로는 비탈면 관리가 제대로 안되어 호우에 취약하고 계곡부는 토석류 발생 위험에 노출되어 있다. 이에 따라 산림훼손이 가속화되고, 장병들의 안전을 위협하기도 한다. 이러한 훼손지는 992㎢에 이르는 것으로 파악된다. 더 나아가 산림훼손에 따른 산사태로 인해 토석류가 발생하여 계곡, 하천, 바다생태계까지 위협받을 가능성도 있다. 방치하면 향후 더 많은 복원비용을 지불해야 할 것이다. 다행히 산림청이 2009년부터 현재까지 201㏊의 DMZ 훼손산림을 복원하고 있으나, 사업량은 전체 훼손지를 감당하기에는 턱없이 부족해 보인다.

새정부 출범과 함께 남북관계 개선의 기대감으로 생태계 관리협력, 생태안보 관광지 개발 등 DMZ를 둘러싼 다양한 목소리가 있다. 여러 사업이 제안될 수 있겠지만 가장 기본적인 것은 산림훼손을 줄이고 훼손지를 복원하는 것이다. 특히 DMZ 산림을 복원하는 것은 한반도 생태계 보전을 위해서 중요한 과제이다. 이러한 맥락에서 향후 DMZ 산림복원을 위해 몇가지 제언을 하고자 한다.

〈 DMZ지역의 산림복원을 위한 현장의 기술자문 〉

첫째, DMZ 일원의 산림복원을 위한 부처간 인식의 공유와 협력관계 구축이 시급하다.

국방부는 산림훼손의 심각성과 함께 이것이 장병의 안전, 더 나아가 전투력과도 밀접한 관계가 있음을 인식해야 한다. 이를 위해 국방부와 일선 부대내에 산사태, 산불 등 산림재해 대응 및 복구 · 복원 업무를 관장하는 부서 설치가 필요하다. 산림청도 산림복구 · 복원에 관련된 기술지원 역량의 확충이 시급하다. 또 민북지역의 무분별한 산지전용을 막고, 지역의 특수성을 고려한 보전과 이용을 도모하고자 2012년 제정한 「민간인통제선 이북지역의 산지관리에 관한 특별법」이 그동안 군작전지역이란 이유로 그다지 복원사업 실효성을 거두지 못하고 있는데, 이제는 보다 적극적인 관리에 나서야 할 것이다.

〈 DMZ의 작전도로에 의한 산지훼손 〉

둘째, 복원을 위한 기반시설이 필요하다. 그간 일부 산림복원 사업지에서 주재료인 풀씨, 초본류, 목본류의 도입이 민북지역의 토질, 기후의 특성을 고려하지 못했다는 문제 제기가 있었다. 이는 지역 특성상 복원 재료의 반입에 제약이 많고, 자생식물에 대한 연구와 증식이 부족한 점에서 기인한다. 따라서 자생식물의 종을 연구하고 증식 · 보급하는 시설의 마련이 시급하며, 산림훼손 예방교육, 기술보급 등을 위한 기구의 설립도 요구된다. 이는 민북 지역주민들의 일자리와 휴경지의 활용에 따른 소득증대, 국토의 효율적 관리측면에서도 도움이 될 것이다.

셋째, DMZ 일원의 산림복원은 북한 황폐산림 복구까지 염두에 두고 추진해야 한다.
국립산림과학원에 분석한 바에 따르면, 북한지역의 산림의 45%가 무입목지, 산간나지, 개간산지 등으로 황폐화된 상태로 금후 복구를 위한 협력이 시급하다. 황폐 규모가 큰 만큼 실태조사, 복원계획 수립, 관련 자재의 비축 등 단계적인 준비가 필요하다. DMZ 산림복원을 통해 얻어진 자재의 수급량 산정, 복원공법과 재료 선택, 공정관리 등의 노하우는 사업모델이 되어 북한 산림복구에도 큰 역할을 할 수 있을 것이다.

과거 동서독의 접경지 그뤼네스반트는 체계적인 관리로 생태계보전과 생태관광의 성공사례로 자리잡았다. 이제 DMZ 일원은 버려지고 잊혀진 가슴 아픈 땅이 아니라, 우리가 미래세대에 물려줄 자연유산으로 새로운 기회를 만들 수 있는 토대의 땅인 것이다. 이번 정부에서 DMZ 일원의 산림복원과 산림재해예방의 중요성을 인식하고 제대로 된 정책을 펼쳐 주길 기대해 본다.

장병들에게 DMZ 재해 예방 및 대응을 위한 전문가들의 교육현장 (2017)

제3장

산림기술의 역할

Forest.technology-industry

INSIDE

03_

지역산림계획 수립기술

2017년 19대 대통령선거에 앞서 산림분야 대선공약을 만드는 작업을 여러 전문가들과 모여 했다. 침체된 임업과 산림분야를 어떻게 하면 새로운 일자리를 만들고 산림분야의 미래를 생각하는 고민이였다. 그 당시 임업분야 더불어 민주당 정책특보로서 산림분야 특별위원회 위원으로서 산림분야에서 가장 먼저 고치면 실효성있는 일이 지역산림경영계획이였다. 특히 지역특성을 감안하고 국, 공, 사유림, 종교림등을 포괄하여 지역통합산림계획이 필요 하며 그것으로 5년, 10년, 50년, 100년뒤의 우리 산림의 미래를 계획해보고 싶었던 것이다. 그것이 지방분권시대에 지역 산림자원을 활용한 특화사업을 발굴하고 임업 · 산촌 분야 소득증대 및 고용창출로 연계 될것이기 때문이다. 산림기본계획, 지역산림계획, 산림경영계획과 같이 일반인에게는 벌채를 하기위한 임시적인 계획, 산지구입시 세금 감면등으로 만 필요한 산림경영계획과는 다른 것이다. 지역주민, 산주, 임업인, 공무원, 조합원, 학계등의 의견을 모와 지금까지 하지 못한 실현 가능한 계획을 수립하는 것이다.

최근 산림청에서는 「산림기본법」에 명시한 산림기본계획을 국. 공. 사유림 통합 시 · 군산림계획을 수립한다고 한다. 너무나 중요한 우리 임업의 지역미래를 계획하는 것이니 사실 잘할 수 있을지 걱정이 앞선다.

최근 여러 지자체 장들과 이야기 할 기회가 많아 졌다. 거의 모든 분들은 산림의 중요성을 아시고 어떻게 활용하고 보전할지 궁금해 하신다. 필자는 먼저 지역산림 종합계획을 수립하시고 실제 경영 할 수 있도록 하라고 조언한다. 그러나 실제 계획을 수립하는 사람을 찾을 수 없다고 하소연 한다. 또한 우리나라 전체 산림을 대상으로 산림청장이 작성하는 산림기본계획의 틀 안에서 수직하향적으로 수립하기에 문제가 있다고 하신다. 또한 지역적 특성을 충분히 반영하기 어려운 구조로 한계를 느낀다고 어려움을 하소연 한다

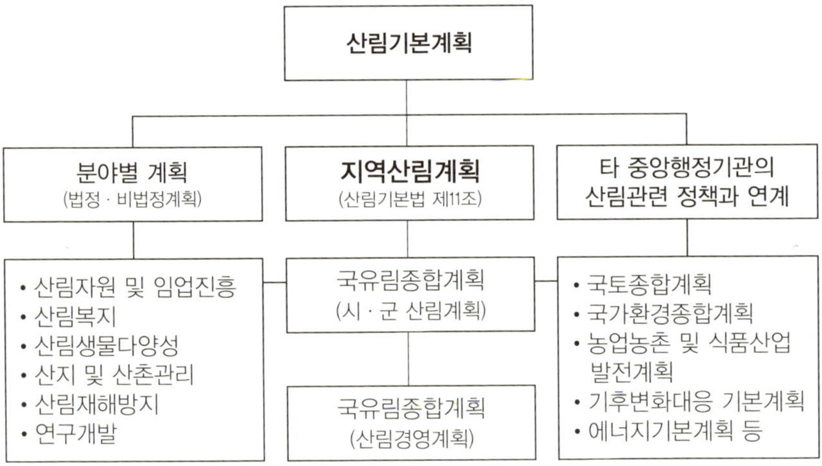

〈 산림기본계획의 지위 〉

최근 6차기 지역산림계획의 세부추진계획을 보면 산림자원 및 산리관리체계 고도화, 산림산업육성 및 산촌활성화, 일상 속 산림서비스체계정착, 산림생태계보전강화, 산림재해예방과 대응을 통한 국민 안전실현이다, 전국의 지역계획이 거의 비슷한 추진계획을 가지고 있다고 보면된다. 또한 지역산림계획은 예산조달 계획이 있으나 실제 예산을 확보하지 못하는 계획이 많다는 것이다. 실효성 있는 시군별 국,공,사유림통합 지역계획 수립을 위해 몇 가지 검토되어야 할사항과 효율적방법을 제시 하고자 한다.

첫째로 산지관리법의 산지구분과 산림기능구분도를 중첩하고 산지경사도를 반영하여 실제 산지를 임업용으로 활용가능한 구역과 산지를 적극적으로 전용 및 이용할 수 있는 구역을 설정하는 것이다.

산지의 소유자 중심, 산지수요중심으로 계획의 수립이 필요 하다는 것이다. 또한 산림기능구분도 목재생산림, 수원함양림, 생활환경보전림. 산림휴양림, 자연환경보전림, 산지재배방지림의 구분에서 산주, 또는 지자체등에서 실제 이용할 수 있는 기능을 세부적으로 명시해야 할것으로 본다. 예로 단기소득작물생산기능, 밀원림조성기능등 지역특성을 감안하여 육성할 수 있는 기능권역을 구확하는 것처럼 말이다.

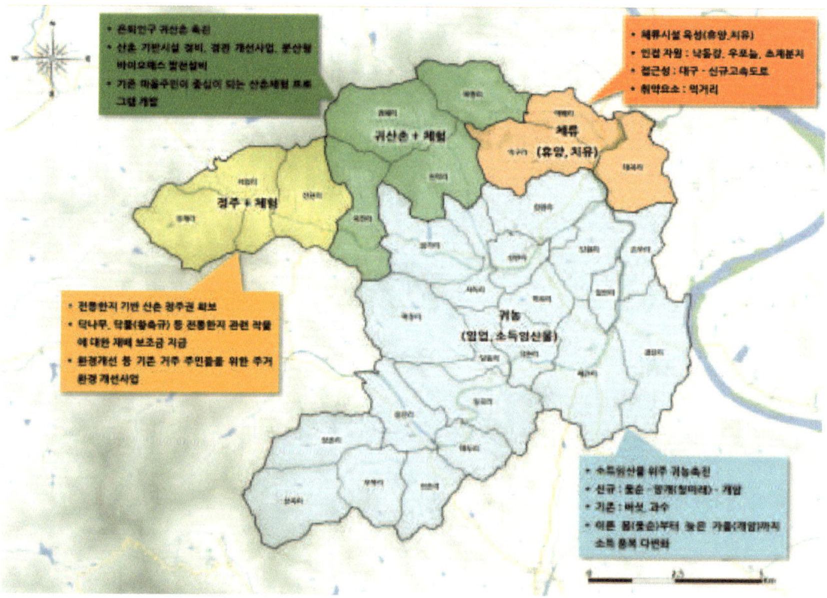

〈 미타산 지역산림 종합계획 중에서 〉

특히 산주중심의 기능구분은 반드시 필요 할다 할 것이다. 예시로 의령군의 미타산권역을 4개권역으로 기능을 구분하여 1)정주와 체험권역, 2)귀산촌과 체험권역, 3)휴양과 치유의 체류권역, 4)임업 및 소득임산물을 위한 귀농권역으로 구분하여 산림을 경영할 수 있도록 기초자료로 제공하고, 집중적으로 지원하는 체계를 갖출수 있게 해주어야 한다.

둘째로 시군의 임내도로망의 조사를 통한 DB화와 지도의 작성이 필요하다. 사유림, 공유림, 국유림의 임도, 벌채작업도, 병해충방제 운재로등을 포함하는 종합도로망이 산림경영에 핵심 기반이기 때문이다. 특히 지방도, 마을도로와 연결성을 분석하여 제시 한다면 벌채, 산불, 산사태, 산림휴양계획의 기초자료가 될것이며 향후 임도계획에 요긴하게 사용될 것이다. 특히 정밀한 산림기능구분도와 합치면 산림경영구역을 결정하는 중요한 자료가 될 것이다.

셋째로 산주와 경영주체의 의견수렴이 필요하다. 또한 도시계획, 도로계획자의 협의도 반드시 반영되어야할 것이다. 결국 지역산림계획은 산림을 어떻게 효율적으로 경영하고 관리하고 이용할것인가에 대한 목적성을 확실히 부여해야 한다면, 산주와 경영주체의 의견수렴을 통하여 산림을 어떻게 기능구분하고 무엇에 관심을 두고 산림을 이용할것인가에 대한 의견수렴은 중요하다. 또한 유역단위의 산주들이 공동으로 산림사업을 추진 할 수 있도록 세부사업을 제안해주어야 한다.

넷째로 지역산림계획을 수립할 계획수립 기술자의 교육과 육성이 필요하다. 인문, 사회, 문화, 산림경영, 산림공학, 복원, 휴양등의 복합지식을 가진 기술자가 수립하도록 해야 한다. 실행 가능성있는 계획, 미래지양적 계획이 되어야한다. 지금은 거의 지역 임업전문연구기관이 아닌 지역발전연구소등에서 수립하고 있고 경험 많은 산림기술자의 참여가 어려운 실정으로 최근의 산림분야 이슈, 정책등의 반영이 부족하다 할 것이다. 그리고 지역 산림계획의 수립을 위한 용역비는 경영계획 단비로는 부족하다. 충분한 사업비 지원만이 산주동의를 구할 수 있기 때문이다.

미지막으로 최근 환경단체에서는 2050 산림분야 탄소중립계획에서 벌채, 숲가꾸기를 최소화 할려고 한다. 특히 산림의 기능구분에서 목재생산림, 경제림에서만 사업을 하라고 요구하고 있다. 우리나라 산림의 기능구분을 새롭게 할 필요성이 대두되는 시점인 것이다.

경영 계획수립을 위한 현장 조사 요령 설명 (2019.제주)

제3장

산림기술의 역할

Forest,technology-industry

04_ 산림사업의 생태·환경(경관)

산림사업에서 타 분야로 부터 가장 많은 오해와 질타를 받는 것이 생태적, 경관적으로 기술이 부족하다 하는것이다. 사실 주요사업인 임도, 숲길, 사방사업을 하면서 우리 고유의 산림기술은 가장 생태 · 경관 요소를 반영하고 있음에도 타분야 기술시장에서 신뢰받지 못한 것은, 이러한 기술적용이 부족한 탓일 것이다. 산림사업에서 인공재료의 사용을 최소화하고, 자연 재료를 이용한 인력시공을 원칙으로 했다면, 지금의 시대에서 가장 우월한 생태적인 기술이고, 경관기술일 것이다. 산림기능 인력 노령화와 품셈이없고 기술자와 예산이 부족한 것도 사실이다.

또한 산림사업 현장에는 대형 토목기계의 사용과 콘크리트 기성품, 파쇄석, 기계화 시공등으로 생태 · 경관적 요소가 고려되고 있지 않다. 우리의 현실이다.

주요 산림사업에서 생태 · 경관이 중요시 되는 사업이 임도 ,숲길, 사방사업으로 토목공사가 병행되는 사업들이다. 지금부터라도 우리가 가진 기술을 이용한 사업별 경관 · 생태기준을 만들어 산림사업에 적용해야 한다. 특히 임도, 사방사업의 경우 사업지를 휴양, 치유등 관광자원으로 이용이 급격히 증가 하고 있어 국민들로부터 산림사업의 신뢰성을 확보하기 위해서라도 생태 · 경관을 고려한 사업을 시행해야 한다.

임도의 생태. 경관시업기술

최근 임도는 임업경영의 기반시설 뿐만 아니라 걷는길, 자전거도로 등으로 많이 이용한다. 반면에 임도 개설로 인한 동물이동의 제한, 사면의 붕괴로 인한 계곡부 파충류와 어류의 서식처 훼손, 일괄적인 외래초류종자의 파종등으로 생태.경관적으로 민원이 제기되는 경우가 많다.

임도설치 사업은 노선의 배치가 중요하다. 국도와 고속도로 조망점에서 임도의 절 · 성토면이 보이는 노선은 결국 생태경관을 고려한 임도가 될 수 없다. 무리한 노선 선정은 임도의 재해와 밀접한 관련성이 있고, 산주들의 동의를 구하는데도 어려움이 있다.

그리고 절성토의 길이를 최소화해야 한다. 과도한 절토와 성토는 결국 생태.경관요소를 모두 없애 버리는 결과를 초래하기 때문이다. 또 임도사업에 사용되는 인공재료를 최소화하고 규모를 적게 해야 한다. 전 구간에 콘크리트 구조물과 옹벽, 흙막이가 있는 임도는 절대 생태 · 경관적이지 못하기 때문이다. 임도개설 단비만 높일 뿐이다.

임도 경관관리는 임내 경관관리로 임분 밀도를 낮게 조성하여 임내 조망점을 확보해야 한다. 덩굴류의 제거는 기본이다. 인공림의 경우 수간배열의 규칙성을 높이고 복층림으로 유도하고, 임내 가시권 확보가 필요하다. 가지치기와 간벌사업의 기술이 적용되어야 한다는 것이다.

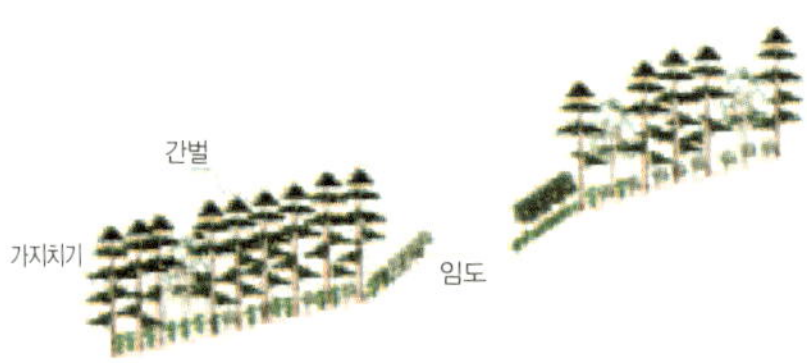

〈 임도의 인공림 경관조성 전 〉

〈 임도의 인공림 경관조성 후 〉

천연림의 경우에는 임내 가시권을 확보하고 다양한 요소를 강화시켜주는 혼효림, 복층림으로 적극 유도해야 한다.

숲길의 생태.경관사업의 기술

숲길을 걷는 사람은 생태, 경관, 문화, 역사 등의 요소에 집중한다. 이러한 요소가 없으면 숲길의 노선 선정은 잘못된 것이다. 이용객은 없을 것이다. 그만큼 사전조사가 중요하다 하겠다. 또한 난이도 조절과 위험 요소의 배제가 중요하며 지역주민과의 네트워크도 중요하다. 그래서 숲길의 노선선정의 기술은 최고의 산림기술전문가해야 하는 업무이다. 공학, 경영기술과 소득, 관광등의 종합기술이 필요하다는 것이다.

산림 내 숲길 경관관리 기술로는 절 · 성토면에대한 주변의 자연친화적인 재료(돌, 간벌목)로 흙막이등의 구조물 반영하는 것을 우선해야 한다. 또한 숲길의 주변 경관을 초본, 관목, 교목류의 적정한 밀도 및 배치로 숲의 다양한 식생을 느낄수 있도록 계획하고, 이용자가 시선을 지면에 두고 걷는 것이 아니라 시선을 들어 숲을 조망하면서 걷는 것으로 오감의 자극을 더 얻을 수 있도록 숲 관리기술을 도입해야 한다.

숲길의 설치 대상지가 인공림의 경우 하층식생을 풍부하게 하면 내부 경관의 조망점에서 숲의 다양성이 높아지고 어메니티가 높은 산림공간을 연출할 수 있다. 수령 40~50년 이상인 인공림에서는 수관 사이로 빛이 비추어져 하층의 관목이나 초본 등의 식생이 침입할 수 있는 환경이 된다. 따라서 인공림 주변에서의 종자공급이나 식재 등에 의해 지역 특유의 임상과 식생을 다양하게 하는 것이 중요하다.

숲길을 걷는 이용객은 경치가 뛰어나고 안전한 곳이면 조망을 방해하는 수목의 가지나 잡초, 구조물등의 제거와 철거를 원한다. 경관을 보기위한 시점의 장소가 위험한 곳이거나 오래 있기 불편한 음침한 곳이라면 경관이 뛰어나다 하더라도 아무 소용이 없다. 또한 계절을 감안한 벤치, 파고라 등의 설치를 고려 해야 하고 시점에서 보는 경관의 다양성을 높여야 한다. 숲의 수목이나 초화 등 근경을 중심으로 보이는 장소인가, 원경이나 중경이 매력적인 장소인가에 따라서 시점장소의 특징이 다르기 때문이다.

〈 숲길 산림 내 경관관리 모식도 〉

숲길 이용자에게 시각적인 자극이 변화하는, 질리지 않도록 하는 아이디어가 중요하다. 관리의 방법에 있어서도 각각의 대상의 매력을 끌어낼 수 있는 관리가 필요하다. 예를 들어 근경의 수목을 보여주는 시점 장소에서는 길 주변의 풀베기 등이, 중경의 숲이나 수변을 보여주는 장소에서는 숲의 간벌이나 수변 주변의 제벌 등이 필요하다. 원경의 산악 등이 보이는 개소는 조망을 저해하지 않는 제벌, 간벌 등이 효과적인 기술이다.

휴양림의 경관시업기술

휴양림의 내부 조망점을 핵심적으로 고려하며 다양한 경관과 체험거리를 제공할 수 있도록 해야 한다. 휴양림 이용객은 숲속에서 자연을 체험하고 숲의 일부가 되고자 하는 이용특성을 보인다. 따라서 원경으로 숲을 바라보기 보다는, 숲속에서 숲의 다양한 경관을 바라보고 생활(숙박)하며, 다양한 식물들을 관찰하는 경험을 통해 휴양의 목적을 달성하기 때문이다.

또한 숲속으로 들어가는 과정 또한 중요한 휴양의 요소를 살리는 기술의 적용이 필요하다. 이용자들은 휴양림으로 다가가는 과정에서 일상으로부터 멀어지고 자연의 깊은 곳으로 참여하는 상징적인 경험을 선호한다. 이를 위해서는 휴양림으로 접근하는 도로에서 부터 다양한 기술이 필요하다.
먼저 휴양림이 위치한 곳으로 이동하는 동선에서 시시각각 변하는 조망점을 통해 먼 곳의 휴양림을 관찰 할 수 있도록 유도해 휴양림에 대한 상상력을 자극할 수 있어야 한다. 이때는 기술로는 도로변의 임분을 조망점 확보를 위해 일부를 개방하고, 일부는 다시 숲이 우거지도록 관리하여야 한다. 또 다른 기술으로는 차량의 접근거리를 제한하고, 주차장과 휴양림사이에 숲길을 배치함으로써 문명과 더 유리된 자연으로의 참여를 상징화 할 수 있도록 해야 한다. 이때는 이용자들이 통행하는 길을 보다 친환경적인 자재를 통해 시공하고, 길 또한 숲의 일부처럼 느껴지도록 해야 한다.

다음은 휴양림의 시설별 세부 경관.생태적 적용기술은 다음과 같다.

먼저 휴양림으로 진입하는 상징적 경관이 필요하다. 휴양림입구에 도달하는 도로변의 웅장한 숲, 아기자기한 계곡과 폭포 등의 다양한 경관이 나타날 때 휴양림 자체의 가치도 상승하고, 이용객은 더 큰 만족을 얻을 수 있다. 그러나 이러한 특수성은 인위적인 조성이 쉽지 않으므로 기존의 특수한 요소들을 발굴하고 효과적으로 조망할 수 있도록 조망점을 설치하고 관리해 주어야 한다. 또 상싱적인 경관요소가 있는 곳을 휴양림의 입구로 선정하여 휴양림의 안과 밖을 확실히 구분하는 것 또한 효과적이다. 휴양림의 입구에 상징적인 수목으로 적합한 수목의 특성은 지역을 대표하는 수종으로서 고목이고, 상록수일 때 그 상징성은 더 크다.

두번째로 휴양림 내부 공간이동 동선의 주변 경관을 살리는 기술이 필요하다. 휴양림 입구에서 휴양림 내부로 이어지는 길에는 계절의 변화를 느낄 수 있는 다양한 화목류를 식재하면서도 인위적인 조경의 느낌보다는 자연적인 숲을 경험할 수 있도록 다양한 자생수종을 자연스러운 밀도로 식재하도록 한다.

세번째로 휴양림 내 산막(숙박시설) 주변의 경관 관리기술이 고려 되어야 한다. 휴양림 내의 산막은 반경 50m 가량은 나무가 존치하지 않도록 하고, 산막에서 숲 내부가 보이도록 산막 인근의 숲은 강도의 간벌을 실시해, 시각적으로 어두워 보이지 않도록 해야 한다. 또 산막에서 숲의 계절 변화를 감상할 수 있도록 다양한 수목을 식재하는 것 또한 중요하다. 예를 들면 이른 봄의 노란색 생강나무, 봄의 산벚나무, 늦봄의 층층나무 꽃, 여름의 녹음, 가을의 붉은 복장나무 단풍, 겨울철 상록의 잣나무 등, 계절을 상징 할 수 있는 다양한 수목으로 숲을 구성해 이용객에게 사시사철 변화하는 경관을 조망할 수 있도록 숲이 관리되어야 한다.

〈 휴양림 내 경관관리 〉

네번째 휴양림 내 산책로 및 등산로 주변 경관 관리기술이다. 산책로나 등산로 이용객이 숲 내에서 공포감을 느끼지 않고, 쾌적함을 느낄 수 있도록, 이용객의 동선을 따라 30m 가량의 공간이용지역에 강도의 강벌을 실시하고, 형질이 우수한 교목은 가지치기를 실시하도록 한다. 이는 이용객의 숲내부를 보면서 다양한 경험을 할 수 있는 기술일 뿐만 아니라, 다양한 식생의 발생을 촉진해 다층 혼효림을 조성하도록 한다.

마지막으로 휴양림 시설의 경관적 측면을 감안한 시공기술이 필요하다. 휴양림의 시설이 숲과 이질적으로 보이지 않도록 외부구조와 재질에 각별한 주의가 필요하며, 다양한 안내판 역시 자연의 일부처럼 보이도록 시공해야 한다.

사방사업 경관시업기술

우면산 산사태 복구에서 가장 우리기술을 인정 받지 못한 것이 경관, 생태적인 요소를 복구계획에 담지 못했다는 것이 였다. 당초 복구계획을 전통사방기술을 적용했다면 문제가 없었지만 토목 조경의 공법과 기계화 시공을 고집했다. 결국 많은 토의와 갈등을 격으면서 우리 전통사방 기술을 적용했다. 우리 공학 기술자와 산림공학계의 노력의 결과였다.

최근 재해예방을 위해 시설되고 있는 사방구조물에 대한 자연친화적인 재료, 구조 및 경관생태적인 면을 고려하여 시공하고자 하는 요구가 증가되고 있는 실정이다. 도시사방사업이 들어오면서 사방시설물 주변을 많은 시민들이 이용하기 때문이다. 사방사업은 후세에 남는 사방공작물이 자산으로서 가치있게 적합한 재료, 형태, 식생도입이 되어야 할 것이다. 물론 계절을 감안한 재료와 식생도입도 중요하고 다음과 같은 기술을 감안해야 한다.

첫째로 사방사업의 지역성을 고려한 경관시업 계획이 필요하다. 지역의 특수한 생태계, 자연환경 및 역사적 · 문화적 요소를 포함한 경관자원의 유무를 사전에 조사하여, 사방사업으로 인해 훼손되거나, 경관 및 가치가 저해되는 일이 없도록 해야 한다. 이러한 지역의 특수성은 기술자의 관점에서 특별한 가치를 모를 수 있으니 현지 주민들의 면담을 통해서 발견하면 쉬울 것이다.

둘째로 사방사업의 구조물이 모두 경관을 저해하지는 않는다는 것이다. 친환경적인 자재를 활용해 규칙적인 시공을 한 경우 미적으로 아름다워 보일 수

〈 DMZ지역의 계류보전사업 전경 〉

있어 그 자체만으로 독특한 경관을 나타낼 수 있다. 또 사방댐 시공을 통해 저수공간의 확보는, 새로운 경관을 도입함과 동시에 철새나 소동물의 서식처로 제공되어 종전에 없던 새로운 생태계로 발전할 수 있다는 것이다.
사방사업 구조물을 차폐해 경관과 사방사업의 장점을 모두 취할 수 있다. 대규모 사방댐이 건설되어, 콘크리트가 숲과 이질적으로 노출된 경우, 사방댐의 높이와 비슷한 수고를 가진 교목을 사방댐의 전면에 식재하고, 사방댐의 어깨는 떼붙임 등으로 녹화를 실시하여, 경관상 사방댐이 부각되지 않도록 해야 한다. 이처럼 경관을 저해하지 않으면서도 사방사업의 시행을 통해 산지의 훼손을 방지하고 재해로부터 주변의 보호하는 효과를 동시에 추구 할 수 있다.

셋째로 생태계의 단절을 배제한 사방공법의 적용이 필요하다. 투과형 스크린 댐이나 비탈식 사방댐은, 댐의 건설에 따라 수계가 단절돼 보이는 것과 같은 역효과를 최소화 할 수 있다. 또 어도나 생태통로를 설치해 인간과 생태계가 공존하는 모습을 보여줌으로서 국소적인 경관저해에 대한 갈등을 해소할 수 있는 기틀을 마련 할 수 있다.

넷째로 돌쌓기 공작물의 재료 선정시 경관적 요소를 반영할 필요가 있다. 사방사업을 실시할 때, 현지에서 야면석을 채집하여 사용 하므로서, 사방구조물과 주변경관이 어우러지는 효과를 낼 수 있다. 이는 구입석의 이질적인 색감으로 인해, 구조물들이 부각되는 문제를 최소화 할 수 있다.

〈 아름다운 전통 돌쌓기 〉

마지막으로 경관을 고려한 시공과정과 관리체계 기술이 필요하다. 시공단계에서 주변의 지형이나 식생을 과도하게 훼손하는 일이 없도록 해야 하며, 앞서 언급한 다양한 기준들로 설계된 구조물을 적절한 과정을 통해 시공하므로서, 추후 주변환경 교란으로 인해 경관저해를 예방해야한다. 또 시공이 완료된 후에는 가능한한 원지형으로 현장을 복원하는 노력 또한 필요하다.

시간의 경과를 감안한 관리체계가 필요하다. 시간이 지남에 다라 사방사업

대상 지역의 경관을 변화하는데, 지속적인 모니터링을 통해 사방사업이 지역의 경관과 조화를 이뤄가는지를 지속적으로 관찰할 필요가 있다. 이는 추후 진행되는 사방사업의 근거 자료로 활용 될 뿐만 아니라, 이미 시행된 사방사업지를 지속적으로 유지관리하는데 필요한 조사 자료로도 활용 될 것이다.

아름다운 혼효림과 호수, 들판의 조화로운 산림경관 (2021.4)

제3장

산림기술의 역할

Forest,technology-industry

INSIDE

05_

산림사업과 환경관리

최근 우리나라는 미세먼지와의 전쟁을 하고 있다. 국민들은 대기오염 물질과 맑은 물에 민감한 반응을 보이고, 대통령직속 국가기후환경회의에서도 미세먼지 저감 대책수립에 핵심을 두고 있고, 산림분야에서도 미세먼지와 도시의 온도 저감을 위하여 바람길숲조성, 도시숲 조성 정책을 내 놓고 시범사업을 하고 있는 실정이다. 그런데 실상 산림에서 이루어지는 산림사업인 수확벌채로 시작하여 조림 · 숲가꾸기 병해충방제 등 산림조성 관리사업과 이 사업을 하기 위한 기반시설인 임도 · 사방 등의 각종 토목시업, 숲을 이용하는 치유 · 휴양 등의 사업에서는 먼지, 오염물질, 흙탕물 등의 관리에 아직은 미흡하고 기준 또한 없는 실정이다. 산림사업에서는 환경관리사업이 없다는 것이다.

지금까지는 이러한 사업을 하면서 기계톱 및 토목, 벌목 장비의 매연, 분진, 소음과 같은 것을 관리 한적이 없다. 또한 사방사업을 하고 일시적으로 나타나는 해캄, 흙탕물등의 관리도 없었다. 그래서 주민의들의 민원도 그냥 시공자에게 해결을 요구하고, 원인 해결을 하지 못하므로 사업을 중단하기도 하면서 어렵게 산림사업을 하였다.

최근 필자는 2019년 산림기술진흥계획을 수립하면서 산림사업의 환경관리에 대하여 언급하였다. 다른 산업에서는 이미 환경관리가 의무화되어 시행하고 있고 우리 산림분야도 가장 시급한 것부터 기준을 만들고 시범사업이 반드시 필요하다고 생각했기 때문이다. 특히 탄소중립정책에도 선제적으로 산림분야에서 환경관리 사업을 추진해야 할 사업이다.

환경관리 대상법률을 보면 대기환경보전법의 비산먼지 및 대기오염 배출의 저감 대책, 소음 · 진동규제법의 장비의 작업 및 이동, 발파 등에 따른 소음 및 진동 제어등이다.
폐기물관리법의 건설 폐기물 발생의 최소화 및 적법 처리, 지하수법의 지하수 개발에 따른 지하수 오염방지 및 현장용수의 유출 관리를 요구 하고 있다. 환경영향평가법에서는 공사 착공 전 환경영향평가로 환경오염 피해의 최소화등이다.

우리 산림사업은 위의 법률과는 깊은 연관성이 있다. 예를 보면 임도 및 사방사업에서 굴착, 발파, 계곡부의 암거설치등의 공종에서 관련성이 있을 것이다. 또한 산림사업에 투입된 임업기계, 토목기계등의 배기개스, 유출기름등이 해당될 것이다. 대단위 산지전용 및 채석장에서도 환경관리와 기준이 필요 하다 할 것이다.

먼저 산림사업을 하기위한 환경관리사업 추진계획의 수립이 필요하다. 산림사업별 관리대상과 규모를 정해야 한다. 그리고 관리할 수 있는 기술개발 계획과 당장 할 수 있는 사업을 발굴하여 시범사업을 시행해야 할 것이다. 이 산림분야의 환경관리사업은 산림사업의 신뢰성회복 및 새로운 일자리와 시장을 여는 계기가 될 것이다.

산림에 투입되는 건설기계 및 임업기계의 환경저해요소 실태조사가 필요하다. 임업기계는 여러 폐기기계의 엔진등를 재활용하므로 더욱 시급한 조치가 필요 할 것이다. 특히 노후화된 기계를 어떻게 관리 할것고 처리 할것인가에 대한 고민이 필요하다.

다음은 폐기물처리에 대한 세부 실태조사와 처리방안이 필요하다. 사방사업에서 노후화되고 안정성에 문제가 있는 콘크리트, 강제사방댐의 철거시 많은 폐기물이 발생할 것이다. 임도와 산사태 현장에서 콘크리트포장 철거, 게비온 옹벽, 녹화마대등의 재료의 회수 비용도 만만치 않을 것이다.

임도사업에서는 당장 문제가 발생하고 있다. 지장목과 폐뿌리도 임산물이므로 폐기물 처리를 하지 않아도 된다고 생각하고 지금까지 일했다. 그런데 이

젠 쉽지 않다. 지장목을 적극적으로 활용하는 기술이 개발되지 않으면 폐기물 처리를 반드시 해야 한다. 이에 대한 방안으로 임도 성토부 밑막이 정도의 공법만 개발되어 있는 실정으로 적극적인 소동물 서식처조성법, 흙막이용재료, 녹화공법에 활용될 수 있도록 하고 미이용바이오매스로 활용등에 시범사업을 시행해야 할 것이다.

임도 지장목 처리　　　수목 폐뿌리　　　미이용바이오매스

사방사업에서는 임도보다는 더 환경요소가 많다. 사방댐과 계류보전사업은 산림내 계곡에 설치하기 때문이다. 최근 사방사업지에 환경단체와 주민들은 해캄발생이 사방사업의 원인이라고 민원을 제기하고 있는 실정이다. 계곡에 장비에 의한 터파기시 계곡의 수목을 제거 해야 하고 표토를 교란하므로 발생하는 일시적인 현상이다. 계곡에 빛이 많이들어오니 표토층의 유기물이 일시에 계곡부로 유입되어 더 악화되기 때문이다. 이에 대한 연구는 없다. 필자는 2019년도에 시급한 연구과제 선정을 신청했으나 우선순위에서 밀려서 채택되지 못했다. 많은 사례연구와 대책 공법의 개발이 필요한 시기이다.

시범사업을 시작해야 한다. 어떠한 상황에서 해캄이 발생하는지? 계곡부 공사후 식재사업을 어떻게 해야 하는지? 발생시 대책공법이 뭔지? 주변식생존치방안이 무엇인지?등에 대한 사항들이다. 이 시범사업을 통하여 사방사업에 대한 허용범위 기준과 사업실행 기준을 만들어야 한다는 것이다.

또 사방댐사업에서 메스콘트리트를 사용한다. 일시적으로 계곡의 수질의 변화를 가져 올것이고 이에 대한 대응 기술도 필요하다. 물론 어류, 파충류등의 피해저감을 위한 공법개발도 필요 하다 할 것이다.

해캄피해

숲 조성으로 인한 해캄피해 최소화

산간 계곡부 안정된 활엽수의 다양한 층위와 휴식공간 (2021. 가야산)

참/고/자/료

타분야 환경관리사업 관련 법률

대기환경보전법에서는 대상 공사(대기환경보전법시행규칙제61조

관련 별표15)에서 산림분야와 관련성이 있는 공사를 보면

① 연건평 1,000㎡ 이상의 건물건설공사

② 총연장 200m 또는 굴착량 200㎥ 이상인 굴정공사

③ 구조체용적 1,000㎥ 이상, 면적 1,000㎡ 이상, 총연장 200m 이상인 토목 건설공사

④ 면적 합계 5,000㎡ 이상의 조경공사

⑤ 연건평 3,000㎡ 이상의 건물해체공사

⑥ 공사 면적 합계 1,000㎡ 이상의 토공사 및 정지공사

비산먼지 억제시설 설치 공정

① 분체상 물질(토사, 모래, 자갈더미)의 야적

② 분체상 물질의 상하차 또는 신기, 내리기

③ 수송 및 이송, 채광 및 채취

④ 야외 절단, 탈청, 연마 및 도장

⑤ 해체 공사시 발생하는 분진

※『분체상 물질』이란 토사, 모래, 자갈더미, 시멘트 등 먼지를 일으킬 수 있는 물질

소음·진동 규제법

대상공사(소음·진동규제법시행규칙제33조제1항 관련 별표8)

① 연면적 1,000㎡ 이상인 건축공사 및 연면적 3,000㎡ 이상인 건축물의 해체공사

② 구조체 용적 합계가 1,000㎥ 이상, 면적 합계가 1,000㎡ 이상의 토목건설공사

③ 총연장 200m 이상, 굴착토사량의 합계가 200㎥ 이상인 굴착공사

④ 면적 합계가 1,000㎡ 이상의 토공사, 정지공사

소음·진동 규제 대상 공정

① 항타기, 항발기 또는 항타항발기

② 병타기, 착암기, 공기압축기, 건축물 파괴용 강구

③ 브레이커, 로우더, 굴삭기, 발전기 등을 2일 이상 작업시

폐기물 관리법

대상공사(폐기물관리법제24조, 동법시행규칙제10조)

폐기물을 일련의 공사, 작업 등에 의하여 5톤(공사의 경우에는 착공에서 완료까지 발생하는 폐기물의 양을 말한다)이상 배출하는 자는 "사업장폐기물 배출자신고" 「별지 제2호 서식」에 의거 관할 시·군·구의 청소과에 배출 예정일(착공일)까지 신고하고 신고필증을 수령한다.

폐기물 처리 관리 대상 항목(지정폐기물 포함)

① 폐기물 종류, 성상별 처리계획의 타당성

② 수집단계

③ 보관단계

④ 처리단계

지하수법

대상공사(지하수법제8조제1항, 시행령제13조제1항)

심정(지하수)개발을 수반하는 공사

관리대상 항목

① 지하수개발에 따른 주변 영향 평가

② 지하수 사용 중 토출구를 통한 지하수 오염방지 대책

③ 지하수 사용완료 후 폐공처리 : 지하수 개발·이용 변경 신고서 제출

④ 현장발생 오니의 배출경로의 적법성

해발800m 한라산 99고개의 소나무. 여기까지 소나무 재선충병이 올까요? (2019. 제주 연동)

제3장

산림기술의 역할

Forest,technology-industry

06_ 제주도 소나무재선충병

2013년 9월 제주도에 대표 수종인 해송에 대한 관리방안이라는 연구용역이 있었다. 최종보고회에 자문으로 초청되어 제주도를 방문했고 공항에서 한라산을 바라보니 많은 소나무가 죽어가고 있었다. 일반 관광객은 소나무에 단풍이 예쁘게 들었다고 생각했을 것이다. 2013년에 폭발적인 재선충병 피해가 발생한 것은 고온이 지속되었고 2004~2012년까지 전문작업단이 아닌 자체 방제 인력으로 훈증에 의한 방제에만 주력한 탓으로 보였다.

또한 예산, 인력부족으로 인해 발생한 고사목을 전량 방제 하지 못했고 고사목이 보이지 않게 그냥 벌목하여 산지에 방치한 원인도 있다 할 것이다.

2013년 당시만 해도 피해면적, 피해본수, 피해특성 등을 감안한 방제방법, 방제시기, 인력수급, 장비사용 등을 감안한 방제전략이 없었다. 특히 재선충 방재사업을 전문 업체들에게 설계과 시공을 맡기지 않는다. 공무원이 직영방제를 했다.

그러므로 제주도 맞춤방제전략의 수립은 많은 고사목을 일시에 방제하기 위한 인력, 장비 등을 보유한 육지 업체를 투입하기 위해 반드시 필요했던 것이다. 무엇보다 사업예산을 확정하기 위해 방제후 성과를 분석하는 것도 필요했다. 방제전략에는 사업구를 만들고 방재방법을 기계에 의한 피해목을 벌목수집하여 소각하고 서귀포 열병합 바이오매스 발전소에 파쇄하여 공급하기로 한 것이다. 제주도의 소나무재선충병 방제전략은 제주도의 특성을 감안하여 아주 정밀하게 수립된바, 산림청의 다양한 공정과 품셈, 규정을 개정하는 밑거름이 되었다. 일본에서도 높은 관심을 보인 성공적인 제주도 방제전략이였다.

제주도는 2013년부터 2020년까지 7년에 걸친 방제작업 결과주에(고사목) 52만본에서 8만정도로 감소되었다. 엄청난 방제성에 모두가 고무되었다.

〈 제주도 방제 차수별 피해목현황 〉

구분	방제대상목 현황(본)				비고
	계	피해고사목	기타고사목	비병징목	
1차(13.5~14.4)	521,218	521,218	-	-	
2차(14.5~15.4)	544,000	544,000	-	-	
3차(15.5~16.4)	484,489	354,817	128,105	1,567	
4차(16.5~17.4)	300,060	227,558	66,947	5,555	
5차(17.5~18.4)	233,824	133,910	97,618	2,296	
6차(18.5~19.4)	143,341	83,084	59,470	787	
7차(19.5~20.4)	82,480	46,226	36,254	-	
합계	2,309,412	1,910,813	388,394	10,205	

제주도가 이렇게 성공적으로 방제를 할 수 있었던 결과는 여러 가지 요인이 있지만, 가장 큰 이유는 제주도 특성에 적합한 방제 행정조직과 다양한 방제방법의 도입을 들수 있다. 또한 시민단체와 언론도 방제의 필요성 강조, 방제품질 모니터링을 통해 참여 한 덕분으로 보인다.

산림청은 그 당시 산림과학원에서 연구된 방제기술을 현장에 즉시 적용하지 못하는 상황이였다. 그러나 제주도는 일본의 연구자료와 현장기술자들의 경험을 활용한 발빠른 새로운 방제 방법을 시도하고 실제 적용하는 방제전략이 효과를 발휘 했다고 할 수 있다.

구체적으로는 발달된 임내 도로망을 이용하여 업체가 적정규모의 면적과 본수를 작업 할 수있도록 사업구를 나누고, 매월 방제가 끝나면 방제한 좌표를 모두 DB화 하여 방제 성과를 분석하였으며 항공사진을 찍어 매월 피해도를 만들어 피해지역 확산을 차단하는 방제대를 설치하였다.

또한 한라산으로의 확산방지를 위하여 검경 조사를 맡아준 제주도산림환경연구원의 역할이 주요했고 제주대학의 심층있는 연구는 한라산 방제에 유효하게 적용되었다. 최초로 잠재감염목을 색출하는 송진추출법에 의한(소구역모두베기) 오름과 농장등의 지속적 발생을 차단하고 방제사업비를 절감하기위한(소군락모두베기) 헬기로 피해목을 이송하고, 나무주사와 항공방제를 병행하는 방법을 시행했다.

제주도의 피해목이 점차 피해본수가 감소하면서 매몰, 소각방법을 선택하지 않고 피해목을 전량 바이오메스로 활용하는 방안이 도입되었고 육지의 다른 지자체들도 제주도의 방제방식을 우수사례로 도입하기 시작했다.

기존 작업을 한 임내도로를 DB화하여 다음 연도의 방제에 활용하였고 방제비용을 줄이는 역할을 했다. 방제의 효과를 내기 시작한 것은 제주도 재선충방제팀에 투입된 공무원과 업체들의 노력과 창의적 방제기술이 한 몫했다고 생각한다. 반마다 모여 방제기술에 대한 교육과 토론을 이어 갔고 그것을 방제전략 연구에서 방제방법으로 채택하는 일들을 지속적으로 반복했기 때문이다.

제주도는 전역이 방제구역이다. 해안숲은 거의 훼손되었고 생활권의 주변의 소나무숲도 거의 사라졌다. 그러나 지속적이고 체계적인 방제계획의 수립과 현장연구를 통하여 2020년 가을, 제주도에는 거의 고사목을 볼 수 없다. 실제 많은 소나무가 분포하는 해발고 400~600m의 소나무가 극심피해에서 벗어났다고 할 수 있다.

전국의 피해가 극심한 지자체와 제주도는 2005~2007년까지 피해가 극심한 것을 소나무재선충병특별법을 만들고 많은 예산과 노력으로 방제를 성공했었다. 그러나 방제의 예산이 줄고 우리 모두가 무관심하였고 다시 전국적으로 확산된 경험이 있기 때문이다. 일본의 경우도 같은 경험을 했고 일본 전문가는 제주도는 그러한 실패를 반복하지 말라고 자문 했었다. 결론적으로 지금이 방제성공를 위한 더 많은 노력과 예산이 투입되어야 하고 이 상태에 적합한 방제 전략이 필요하다 하겠다.

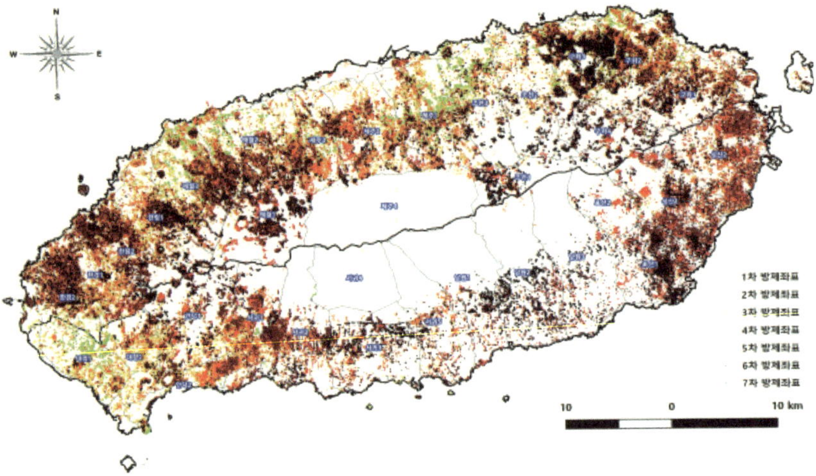

〈 제주도 1~7차 방제실적도(2013.5 ~ 2020.4) 〉

소나무재선충병은 전 세계적으로 큰 구역의 방제를 성공했거나 병의 확산을 컨트롤할 수 있는 수준으로 관리하는 나라는 없는 것으로 안다. 일본이 아오모리에 국가 방제선을 설치하여 확산을 막고 있으나 힘겹고, 남쪽의 지방에는 보전림외 모두 방제를 포기했고, 홍콩등 동남아, 유럽도 방제를 성공하지 못했다. 그래서 제주도의 소나무재선충병 방제는 외국의 학자들이 주의 깊게 바라보고 있다. 실제로 제주도가 성공 할 수 있을까? 제주도는 전세계적으로 유례가 없는 소나무재선충병 방제를 성공 시킬 수 있는 여건이 마련되었다. 행정조직이 방제 성공의 의지가 강하고, 기술력이 뛰어난 지역업체들이 있으며 피해목을 활용하는 정책이 있기 때문이다. 특히 7년에 걸친 방제 맞춤형 연구를 통한 특성별 처방 기술이 있고, 방제 성과가 성공적으로 나타나고 있어 자신감이 있기 때문이다. 제주도는 반드시 이번에는 성공해야 한다. 세계자연유산, 국립공원, 오름등 관광자원의 기본은 소나무 숲이기 때문이다. 또한 이미 230만본이 제거되었고 사업비는2,522억원이 소요되어 다시 재선충병이 재발생된다면 이제 국민, 제주도민들의 무관심으로 방제할 명분이 없기 때문이다. 산림청과 제주도 행정은 관리 부실의 책임에서 벗어나지 못할것이고 결국 제주도에 소나무는 볼 수 없게 될 것이기 때문이다.

〈 제주의 사라지는 소나무 〉

제주도의 방제 성공을 위해 몇 가지 조언하고 싶다.

먼저 방제를 성공했다고 생각하여 긴장을 늦추고 방제조직과 예산확보를 게을리하면 절대 안된다는 것이다.
지금이 더 방제예산과 조직을 강화 해야 할 시기라는 것이다. 7차에 걸친 방제전략 연구도 이제 마감했다. 이제 오롯이 제주도가 방제지역의 모니터링과 피해 실태조사를 해야하고 어떠한 방제 방법을 적용해야 하는지 스스로 결정해야 한다. 자체 방제계획를 수립하여 방제 예산을 확보해야 한다. 탄소중립사업, 피해목을 이용한 그린뉴딜사업으로 연결도 고려 해봐야 한다.

둘째로 현재의 산림청 방제 지침에 제시되지 않은 방재성공을 위한 새로운 방재기술을 개발해야 한다.

〈 재선충 피해목 활용 현장 토론 〉

현재 지침과 매뉴얼의 방제기술은 이미 제주도에서 방제하는 가운데 개발된 기술이고, 전 세계적으로 아무도 제주도 만큼의 극심한 피해지를 성공지로 바꾼적이 없기 때문에 차분히 제주도 피해 특성을 감안한 방법을 찾아야 할 것이다. 특히 피해목간의 거리가 멀어 작업 효율이 떨어질 것이므로 업체들의 수익을 감안한 방제비용을 산출하고 확보하되, 예산을 절감할 수 있는 방재방법을 개발해야 한다.

다음으로는 나무주사의 과도한 사용을 자제해야 한다.
한라산에는 형질이 우수한 적송이 자생하고 있고, 이미 피해지에는 2회 정도의 나무주사를 실시하여 나무의 형성층의 훼손이 심해 질 우려가 있다. 전 세계적으로 예방나무주사를 제주도 만큼 대단위 소나무 임분에 여러차례 나무주사를 한 사례는 없기 때문이다. 특히 나무주사 실시방법을 철저히 준수하고 최소화하는 방안을 위한 정밀 모니터링 연구가 마련되어야 한다는 것이다.

마지막으로 피해가 극심해서 훼손된 소나무 숲을 복원해야 한다.
세밀한 실태조사를 통하여 자연갱신 할것인지?
인공조림을 할것인지?
어떠한 수종을 선택할것인지?
등에 대한 종합계획수립이 필요하다 할 것이다. 이미 제주도 도로변과 오름은 칡넝쿨로 경관이 훼손되었고 그에 따른 자생수종으로 인한 복원이 어렵기 때문이다. 특히 해안의 배후 숲의 훼손이 심한 지역에는 해안숲복원 프로젝트를 계획하고 뉴딜사업으로 실행하는것도 검토되어야 한다. 제선충방제 예산만으로는 무엇도 할 수 없다. 방제과 미래 숲을 관리 하는 차원에서 사업을 규모있게 해야 한다는 것이다. 부디 제주도가 세계적으로 유일한 소나무재선충병을 극복한 지역으로 남길 바란다.

제3장

산림기술의 역할

Forest,technology-industry

INSIDE

07_

임도의 새로운가치

우리나라의 임도개설 시초는 1967년이다. 그 전에는 벌채후 G.M.C트럭이 갈 수만 있는 길이면 만족했기에 임도의 필요성을 느끼지 못하였고 임도개설 기술 또한 부족했다. 그후 영림서, 지금의 산림청에서 직영으로 독일 임도기술을 바탕으로 임도를 개설하다가 겨우 1974~77년에 연기매각제도의 도입으로 155.5km 시설하였고, 임도의 시설은 1984년부터 국비와 지방비를 투입하여 국유림과 사유림에도 임도를 본격적으로 시설하게되었다. 산림의 관리측면에서 임도의 요구도가 높아진 결과일 것이다. 우리나라의 임도밀도는 2020년 현재 3.6m/ha에 불과한 실정으로 임업선진국에 비해 매우 빈약한 실성이며, 현재 우리나라의 목표 임도 밀도는 25m/ha로 향후 목재생산성향상, 비용절감, 임업노동력 부족에 따른 임업기계화, 산림자원의 효율적인 관리를 위해서는 수요가 계속 증가 할 것은 분명하다.

현재 전세계적으로 자원전쟁 특히 목질계 바이오에너지에 대한 대외적 여건이 국산재 활용의 중요성과 맞물려 부각되고 있는 시점에서 임도의 역할이 중요한 시기이다. 특히 목재 공급량의 부족 및 수입가격의 상승으로 목재수확의 가능성을 열고 비용을 줄이는 유일한 방안으로는 임도의 개설검토되고 있는 것이다. 과거의 임도는 지역교통의 개선, 지역산업의 진흥, 임업취로 조건의 개선, 임업생산성 향상등의 포괄적 임도의 역할이 중요했다. 최근에는 숲가꾸기, 목재생산, 단기소득임산물의 재배, 과수원진입로, 식품가공공장, 일반 건축물 진입로등에 직접적인 역할을 하고 있다. 또한 산촌의 정주권확보와 농산촌의 재생사업의 기반 및 보건휴양자원 개발에 임도가 집중 개설되고 있는 것이다.

전국적으로 산림내 임도에서 도로로 승격한 사례는 76개 시군에서 906km이며 수혜 가구수는 104천 가구, 수혜자는 300천명이 넘는 것으로 알고 있다. 임도가 개설되어 농가주택, 전원주택등 산지전용 건축허가 건수도 2005년이후 급격히 증가하여 산지의 효율적 이용에 따른 국민들에게 간접적 이익 창출에 기여하고 있다. 또한 2011년까지 개설한 임도에서 임도를 이용하는 시설물은 133천 개소에 현지인과 등산객등의 이용인원은 2,500백만명에 달하여 사실 우리국민의 50%이상이 임도의 직 · 간접적인 효능을 보고 있다. 심지어 산림을 엄격히 보존하고 있는 국립공원내 임도를 이용하는 시설과 이용자는 지리산등 13개 공원에 44개노선 108km로서 직접이용시설물이 157개소 이용인원은 년간 314천명로 임도의 효용가치는 설치 경비를 감안하면 효과는 대단하다 하겠다.

〈 노체 다짐이 잘된 임도 〉

사실 우리나라는 일제강점기와 6.25사변등을 거치면서 황폐지의 임야를 녹화하고 겨우 1970~1980년대 경제수종을 심어 지금은 임목 수확 단계가 임박했다. 그러나 본격적인 임도를 개설한 1984년이후 태풍과 집중호우에 의한 임도의 재해와 환경파괴 등의 이유로 임도의 개설물량은 계속 감소하였고, 겨우 목재생산의 중요성 인식과 임도의 효용 가치의 공감대가 성성된 2011년부터 개설물량이 증가 하였다.

최근 임도개설에 의한 간접적인 산사태발생, 생태1등급지, 환경영향성평가, 사전재해영향성평가등 여러 원인에 의거 임도의 계획과 개설이 어려워 지고 부정적인 국민여론이 형성되고 있는 것 같아 안타깝다.

가장 큰 것은 산지재해의 원인을 제공하는 것과 생태, 환경의 영향, 경관 해침 등일 것이다. 산림청은 km당 시공단비를 1980년대 25,000천원에서 1990년대 80,000천원, 2000년대 125,000천원, 최근 188,000천원으로 어렵게 올려 재해, 생태환경적 부정적 요소를 최소화하고 있으나, 시공비를 올린다고 부정적인 요소들 모든 것이 사라지는 것은 아니다. 부정적 요소을 최소화 할 수 있는 체계적이고 과학적인 노선선정 및 혼을 담는 시공 및 신기술개발을 게을리 하지 않아야 가능한 것이다.

그리니 이러한 부작용으로 인해 위에서 언급한 많은 임도의 혜택을 버릴 수는 없으며 임도의 신규개설 또한 멈출 수 없다. 벌기령에 달한 임분은 경제적, 생태적, 환경적으로도 안정을 위한 관리가 필요하며, 특히 기후 온난화에 의한 재해에 신속 대응하기 위해서라도 더욱 필요하다. 특히 대 국민의 산지의 간접적 활용과 이용측면, 지역 경기의 활성화 및 생산 산물의 경제성 확보 측면에서도 중요한 과제이다.

임도가 없다면 대체 에너지인 풍력발전 진입로도 불가능 할것이며 한전의 전력 전송 송전탑도 불가하며, 산중에 있는 문화재의 복원도 과거 휴경지의 복원도 새로운 휴양림, 전원주택단지등도 불가 할것이다. 이미 임도는 우리 몸의 가는 실핏줄과 같은 존재가 되어 버린 것이다. 고속도로와 국도,지방도가 동맥과 정맥이라면 임도는 우리몸 구석구석 피를 전달하는 기능을 담당하는 중요한 모세혈관이되어 버린 것이다.

〈 성토부의 흙막이와 배수로 〉

밭과 논에 밭둑과 논둑이 없다면 작물이 심어진 밭을 가로 질러 농부가 비료와 농기구를 지고 가야하며, 벼가 자라는 논을 가로 질러 장화를 신고 논을 관리해야 할 것이다. 임도를 산둑의 개념으로 보면 정확히 이해가 될듯하다. 산에도 산둑이 있어야 관리와 경영이 가능해지며 산둑이 없으면 산은 죽은 것이나 다름이 없다. 산촌에는 산둑이 없는 산에 힘들게 들어갈 젊은 노동력도 없으며 산림은 금방 방치될 것이며 소득도 없을 것이다. 우리나라 같이 67%의 산지에 아무도 산에 들어 갈 수 없다면 국토 관리차원에서도 엄청난 2차 피해와 관리비에 국민의 혈세가 들어가야 할 것이다. 밭둑과 논둑, 산둑은 그래서 반드시 필요하며 우리가 기본적으로 경제, 문화 활동의 기반시설이다. 임도개설은 생태적인 측면, 재해적인 측면에서도 부정적인 측면보다 긍정적인 측면이 많은 것도 알아야 할 것이다. 논둑, 밭둑의 경우 물을 저류하는 기능과 농산촌의 생태계의 기반역활을 담당하고 있으며 마을과 마을사람이 이동하는 소통의 기반임에는 아무도 부정하지 않을 것이다. 산둑인 임도 또한 노망이 발달한 산지에 태풍에의한 집중호우가 내리면 등고선 방향의 임도는 산사태의 규모를 적게하는 효과가 있으며 동물과 식물의 종다양성에서도 긍정적인 효과 없다고 할 수 없다. 이제 우리는 임도의 가치를 새롭게 생각해보고 적극적인 산림 경영을 위한 목적임도를 개선 해야 할때다.

제3장

산림기술의 역할

Forest,technology-industry

INSIDE

08_

해안숲의 보전기술

2012년 해안경관숲관련 연구를 수행하면서 필자는 우리나라의 동해안, 남해안의 해안숲을 조사한 적이 있다. 최근엔 제주도 전역의 해안숲에 대해 병해충방제 조사를 하면서 우리 모두가 해안숲의 소중함을 모르고 살고 있다고 생각했다. 어떻게 하면 이 숲을 우리 후손에게 물려줄것인지 깊은 고민을 하지 않을 수 없다. 우리나라의 해안의 검푸른 곰솔 숲과 바다, 해수욕장 백사장, 작은 어촌 마을은 참 잘 어울리는 우리나라의 고유의 경관인 것은 분명한데 ... 우리는 과연 무엇을 해야 할지 지금부터라도 고민 해야 한다..

해안숲이라는 용어는 법률상 특별히 정의된 것은 없다. 과거 모래사구의 고정용으로 해안사방으로 조성된 숲과 해안침식방지, 경관용, 마을숲 등을 총칭해서 해안과 연접하여 인위적, 자연적으로 유지되고 있는 숲은 해안숲이라고 해야 할 것 같다.

1949년 비사방지 목적으로 해안사방을 시작한 이래 1953년부터 1957년까지 해안사구고정 사업계획을 수립하여 추진했으며, 그후 지속적으로 2010년까지 해안사구 고정사업을 진행하여 총 3,797ha를 조성하였으나 자연적인 해안침식과 관광지개발등으로 점차 사라져 현재 1,479ha만 남아 있다. 그 또한 해안숲은 노령화로 인한 쇠퇴, 산림병해충의 피해 등으로 생육조건이 더욱 악화되고 있는것이 현실이다.

해안숲이 잘 조성되고 관리되면 태풍, 지진 등에 의한 쓰나미와 모래날림을 방지하는 기능이 있다. 2011년 일본 동북부지방의 앞바다에서 발생한 지진해일에서 뚜렷하게 그 효과를 증명해 보였다. 센다이공항의 경우 바닷가에 해안 방재림이 폭 300m 정도 조성되어 있어서 지진해일의 파고의 높이를 현저하게 줄이는 효과가 증명되었다. 그래서 수위는 증가하여 침수는 되었지만 높은 파도에 의한 피해는 없었다. 해안방재림이 있어 부유물질의 이동이 정지되고 나무가 휘어지면서 쓰나미의 영향을 감소시키며 파고가 낮아졌기 때문이다. 최근 연구에 의하면 해안숲의 조성시 쓰나미에 대한 속도의 70%의 감소와 에너지는 90%이상 저감시키는 것으로 알려져 지구온난화로 인한 해수면상승과 지진, 해일 자연재해가 대형화 되는 추세를 감안하면 해안숲의 중요성이 크다 하겠다.

〈 충남태안의 안정된 해안 사구 〉

최근 제주도에 재선충의 피해로 얼마 남지 않은 해안 곰솔숲이 사라져 갈 위기에 처해 있으며, 해안방재림으로 조성한 서귀포 강정해안, 표선리와 하도리해수욕장의 곰솔도 재선충을 피해를 비켜나지는 못했다. 부산, 포항등의 남부 해안가에도 경제발전에 따른 항만건설, 해안도로, 펜션개발, 골프장건설, 규사의 과도한 채취, 토석채취장등으로 많은 부분이 훼손되었고 점차 숲의 기능을 상실하고 있다.

해안의 숲이 사라지면 당장 육지와 해안의 생태계가 단절이되고 그 결과는 해안의 오염에 따른 주민들의 피해로 돌아간다는 사실을 안면도 해안사구의 도로건설 등으로 입증되었다. 해안숲이 사라지면 당장 모래 바람은 농경지의 경작을 방해 할것이고 마을에 모래의 유입에 따른 생활의 불편을 초래 할 것이다. 제주도에서 해안숲의 재선충방제를 위한 벌목후 대처방안을 주민들이 요구하는 사례가 발생한 것은 해안숲의 중요성을 입증하는 예이다. 특히 한반도의 특성상 잦은 태풍과 사계절이 뚜렷한 기후조건을 감안하면 열대지방의 해안숲과 남미와 유럽의 해안숲과는 차별화되는 직접적인 효과와 역할이 우리나라 해안숲에는 있다 할 것이다.

〈 동해안 해안숲 조성전경 〉

해안숲의 중요성이 쓰나미로 인식되면서 전 세계적으로 관심을 가지고 있는게 사실이다. 우리나라 주변국인 일본, 싱가폴, 인도네시아, 필리핀 등 해안을 끼고 있는 나라들이 해안숲의 복원 및 보전을 위한 많은 노력을 하고 있다.

결국 해안숲 복원이 지속적인 재해예방과 실질적인 주민들의 경제에 도움이 된다는 것을 인식하게된 것이다. 사실 우리나라 해안 주요관광지에도 경포대, 해운대, 안면도등에도 해안숲이 경관의 가장 핵심 포인트인 것은 누구도 반론이 없을 것이다.

〈 일본지바현 해안숲 조성전경 〉

우리나라의 해안숲은 마을 전통숲의 개념으로 우리의 삶과 밀접한 관계를 가진다. 겨울엔 찬 바람과 모레를 막아주며 여름엔 그늘을 제공하여 해안에 물고기를 증식하고 마을 사람들의 휴식처의 역할과 놀이공간으로 제공되었다. 해안의 큰 나무는 마을 당산나무가 되었으며 마을 사람들의 공동작업장 역할을 했다. 결국 숲의 파괴는 마을 공동체의 붕괴, 해안 어촌의 정주권 박탈이라는 결과를 초래하기에 더욱 우리나라 바닷가의 해안숲은 더욱 중요하다 하겠다.

최근 해안방재림의 중요성이 인식되면서 신규 조성을 확대하려고 한다. 그러나 어려운점이 한 두개가 아닌 것으로 안다. 주요 바닷가는 해수욕장으로 개발되어 사구의 고정사업이 어려우며 해안 인접지는 개인 사유지로 동의가 어렵다. 그리고 해안에는 많은 횟집과 복잡한 상수관, 배수관등의 풀어야 할 문제는 산재해 있다. 또한 과거 해안사구에 작은 나무위주로 식재하였으나 최근에는 재해, 경관, 휴양등의 기능을 복합적 기능은 할 수 있도록 큰나무로 해안림 조성에 더 많은 예산이 소요된다는 점에서도 사업을 확대하기 어렵다.

해안숲의 조성 대상지는 모래 해안지역으로 식물생장에 필요한 영양공급원이 부족하여 조기활착이 어려우며 지속적인 염분의 공급, 바람, 건조, 모래고온 복사열 등으로 최악의 조건이다. 현실적으로 식재시 많은량의 복토가 필요하고, 식재후 지속적인 관리가 활착율을 높이는 유일한 방법이라면, 충분한 예산의 확보후 사업을 시행함이 타당하다고 보는 것이다.

〈 서해안 대천해수욕장 곰솔숲 〉

한번 인위적으로 훼손된 해안에 숲을 조정하기 위해서는 오랜 시간과 노력이 들어간다. 먼저 앞 모래언덕을 인공적으로 만들어야하고 망 (net)류, 울짱 · 바자 등의 퇴사울타리를 조성하여 모래 언덕을 고정하는 작업도 하여야 한다. 다음으로 정사울타리를 설치하고, 보리사초, 통보리사초, 갯완두, 갯메꽃,

갯쇠보리, 갯보리, 갯쑥부쟁이 등의 사초를 파종하거나 포기심기하여 모래날림을 억제하면서 안정시켜야 한다. 또한 동시에 곰솔, 떡갈나무, 물참나무,팽나무 등을 위주로 한 목본식물과 아까시나무, 보리장나무, 싸리류 등의 보전종을 파종하여 숲의 조속한 성립을 촉진하는 방법인데 숲이 제대로 역할을 할려면 20년정도는 관리하여하 하니 얼마나 해안숲의 조성과 복원이 어려운지 알 것이다.

그러므로 조성시 식재 수종에 신중을 기해야 한다. 해송위주의 해안숲 조성은 생각할 점이 많다. 전자에 제주도의 예를 들어 설명하였지만 해송 단순림은 경관적 핵심요소가 되고 해안림의 주기능을 잘 수행하고 자연조건에 적합하지만 병충해 및 산불재해에 취약하다는 점이다. 또한 곰솔 단순림은 다양한 숲의 계층을 만들이 어렵다는 단점이 있다. 지역적 특성을 고려한 지속적인 숲의 유지를 위한 주 수종, 경관수종, 비료목, 희생목 등의 다양한 혼효복층림의 구조가 이루어 지도록 식재해야 할 것이다.

경포대, 해운대 곰솔숲 아래에는 지피식생이 없다. 인위적으로 조성한 초본류외는 없는 구조이다. 나무는 노령화되어 있으나 나무밑에는 어린나무도 없다. 일시에 손실이 된다면 새로 조성하기 위해서는 엄청난 예산과 노력이 필요할 것이다. 지금 조성된 해안숲에 관리와 후계목 조성사업에도 집중적인 관심과 예산이 투입되어야 할 이유인것이다. 하층 식재를 통한 점차적 해안숲의 갱신이 되어야 할 것이다.

최근 해안숲은 재해방지 효과가 탄소흡수원의 확충, 생태적, 휴양지로서 더욱 중요성이 대두 되면서 많은 해안에서 숲의 조성사업이 이루어 지고 있다. 해안숲의 조성시 효과 분석 연구 결과를 보면 조성후 재해방지 효과, 산림휴양기능이 탁월한 것으로 되어있다. 우리 모두가 해안숲의 중요성을 인식하고 조성과 관리에 동참하여야 할 것이다.

필리핀 팔라완 맹그로브 숲의 보전구역 (2015)

미국 노스팜비치의 안정된 사구와 식생군락 (2019)

제3장 산림기술의 역할

09_ 산림경영단지와 복합기술

최근 코로나19로 인한 경기 침체와 기후변화 대응, 산림탄소흡수원 등이 사회적인 이슈이다. 산림분야의 산림자원의 이용을 통한 순환경제를 활성화하는 것으로 K-Forest 한국형산림뉴딜사업, 2050 산림분야 탄소중립계획, 산림탄소경영모델사업등있다. 그런데 그 사업의 대상지는 거의 모두가 경제림육성단지, 선도산림경영단지이다. 경제림육성단지는 2016년 산지경사, 토양, 지위지수등 입지여건을 고려하여 234만ha가 관리 대상이다. 선도경영육성단지는 경제림육성단지중에서 국산재 원활한 공급을 목적으로 만들어졌다. 선도경영육성단지는 산림경영의 핵심지역이며 미래임업의 경영모델이다.

필자는 선도육성단지를 2년간 현장 경영컨설팅을 하면서 돌출된 제도개선, 기본계획 실효성, 경영목표, 직업종선택, 수종의 결정등에서 기술적 문제점들이 돌출되었다고 생각한다. 결론적으로 선도육성단지에 종합적인 임업기술과 경험이 묻어난 전문적인 기술의 적용이 절실히 필요한 것을 느낀 것이다.

우리나라 산림의 72%는 숲이 노령화되어 수확과 간벌이 필요한 상황이다. 우리나라의 목재의 자급률은 15% 정도로, 수입재 의존도가 높고 벌채 과정에서 생산되는 산림부산물인 산림바이오매스 수집과 활용도 미흡한 실정이다. 불량한 임분은 계획적으로 갱신되어야 수집, 활용률을 높일 수 있으나 우리나라는 사유림 비율이 높고, 산주 1명당 소유 규모 또한 3ha 미만이 80%에 달하며, 부재산주 비율도 64% 가량 되어, 산림경영에 있어 규모화가 어렵고 효율성도 떨어진다. 상황이 이렇다 보니, 외국산 목재수입국 5위에, 혼소발전소에 사용되는 목재펠릿이 170만톤이나 수입되어 사용되고 있는 어처구니없는 일이 벌어지고 있다. 당장은 우리 임업경영의 희망을 선도육성단지의 경영 모델에서 찾을 수 밖에 없게 되었다.

사유림의 활발한 경영을 위하여 협업 및 대리경영제도가 도입되었으나 큰 실효성을 거두지 못했다. 이에 산림청은 우리나라 산림에서 생산되는 목재의 이용 및 증진을 위해 경제림육성단지를 지정하고, 그 중에 경영여건이 우수한 단지를 '선도산림경영단지'로 선정하여 육성하는 정책을 「산림자원의 조성 및 관리에 관한 법률」(2014)에 담아 적극적으로 추진해 나가고 있다.

〈 보성 선도산림경영단지의 소득작물 〉

2020년 11월 현재까지 선정된 선도산림경영단지는 총 26개 단지로 국유림 단지는 5개소(홍천, 평창, 보은, 무주, 영주), 사유림단지는 21개소(2021년 전북 무주, 전남 곡성, 경북 포항 포함)가 선정되어 운영되고 있다. 이 중 사유림 선도산림경영단지는 산주들의 동의를 받아 각 지역의 산림조합이 전문경영주체로서 산주들을 대신하여 책임경영을 하고있다. 사유림의 경영모델을 만들고 사업을 지속성있게 추진하기 위해서는 8년간 추진해온 선도산림경영단지 사업의 성과를 돌아보고, 이 시점에서 새로운 산림기술을 기반으로 한 보완책 마련이 시급한 실정으로 보인다.

〈 삼척 선도산림경영단지의 복합경영 〉

먼저 공통적으로 산림 경영계획이 지역특성을 감안하지 못하고 경영목표, 세부적 실천계획이 현실적이지 못하다. 플래너(산림기술자)가 부족하기 때문이다. 경영의 주인 마인드를 가지고 전체적인 사업을 기획할 수 있는 기술자가 필요하다는 것이다. 현장에서는 미래임업을 위한 창의적 수종, 작업종, 작업기계등을 감안한 새로운 작업장의 모델이 필요한 실정인데, 기존의 산림사업만의 형태로 시행되고 있었다. 플래너는 없고 행정과 정책만이 있는 듯하다. 선도단지의 사업 변화의 조짐이 보이지 않는다는 것이다. 산주에게 수립한 경영계획을 설명하고 경영의 동참을 유도하기 위해서는 반드시 노련한 산림기술자가 필요하다. 온전히 그 업무만 할 수 있는 플래너가 필요한 것이다.

경영목표의 설정 과정은 더욱 다양한 분야의 전문기술자의 참여가 요구된다. 기술자는 경영 요소를 철저히 조사분석하고 주목표는 장기(목재생산)로, 부목표는 단기(단기소득), 중기(표고자목, 수실류)로 구분할 수 있어야 한다. 종합기술을 가진 기술자의 참여가 요구되는 것이다. 또한 기술자는 세부계획수립시 지역산림의 특성, 노동력의 수급, 경영기술, 수확 및 수급전망 등을 반영해야 한다.

둘째, 지자체와 산림조합은 대상지 선정 시 다양한 의견 청취와 전문적인 기술자문단의 구성을 통한 컨설팅제도가 필요하다. 잘못된 수종선정, 입지선정, 임도노선선정, 사업비 배분 등이 공통적으로 지적되어었기 때문이다. 그리고 기술자와 컨설팅은 단지조성 초기부터 참여해야 한다.

〈 선도 산림경영단지의 산림경영컨설팅 〉

셋째, 산림전문기술기반으로 단지조성에 지원되는 사업비는 단지별 특성을 감안한 집행이 가능하도록 해야한다. 결국 산림경영의 성공여부는 효율성의 제고를 통한 경쟁력 확보이다. 이를 위해서는 산림기술자(산림조합지도원)에 책무를 주고, 산주 동의절차에 대한 예산투입과 특화품목의 선정, 경영주체의 선진지견학, 산주와의 의사소통 등에 예산이 자유롭게 사용토록 해야 한다.

넷째, 선도산림경영단지는 기후변화에 따른 조림, 육림, 임업기계와 부산물 수집기술등 스마트장비를 이용한 기술개발을 통한 현장기술이 제시되어야 한다. 선도단지에는 10년 동안 국비와 지방비가 전액 지원되고 있기 때문이다. 선도육성단지는 우리나라 임업의 희망 모델을 제시하고 산촌을 살리는 마중물 역할을 해야 한다.

다섯째, 다양한 주체의 산림기술자의 참여를 확대하여야 한다. 산림조합의 기술자가 기본계획을 수립하고 설계, 감리의 발주하고 시공하는 것은 기술의 한계성을 가지게 되기 때문이다. 새로운 기술을 적용하고 창의적 기술을 시도하기에는 다양한 주체의 기술자들이 반드시 필요하고 산림조합도 공감할 것이다. 그 대안으로 한국산림기술인회 시도지회를 활용하는 방안을 검토해야한다. 시도지회는 계획기술자, 용역업기술자, 시공기술자등이 모여 있고 지역의 특성을 잘 알고 있고 전문기술자를 많이 보유 하고 있기 때문이다. 발전을 위해서는 서로 협력이 필요한 것이다.

마지막으로 산림청은 이제 시행되고 있는 26개 단지의 연관성을 고려하여 권역별 그룹화를 통한 권역 목표설정 하여야 한다. 그리고 권역에서 이를 산림경영의 시범지를 선정하여 지역의 거점으로 전국으로 확산시킬 의무를 산림기술자에게 주어야 한다. 그렇게 해야 권역별 선도단지의 수확물수집센터, 가공물류센터, 기술지원센터, 경영교육장 등으로의 이용이 가능해지고, 산림자원을 이용한 산업화를 통하여 경제활성화 및 일자리창출 등에 역할을 할 수 있을 것이기 때문이다. 선도산림경영단지는 향후 우리 임업이 나아갈 방향을 제시할 수 있어야 하며, 선도산림경영단지에서 파생되는 산지휴양, 관광, 탄소흡수원, 가공, 마케팅 등을 통해 우리의 임업이 하나의 산업으로 발전해 나갈 수 있는 발판이 되어야 하기 때문이다.

제3장
산림기술의 역할

Forest,technology-industry

INSIDE

10_

산림기술자단체 활성화

우리나라 산림기술관련 단체는 한국원목생산자협회, 한국산림사업법인협회, 전국기능인협회, 한국산림엔지니어링협회, 산림기술사협회, 조경협회, 산림조합이 있고 나무의사 목구조 등의 자격자들도 협회가 있다.

필자는 최근 기술자 관련단체를 열거할 때 원목생산자를 가장앞에 둔다. 산림기술인회 분회로 2020년에 가입을 하여 신참이기 때문이고 사업장수가 2,212개이며 종업원수가 5.000여명에 달하기 때문이다. 필자가 존경하는 산림사업법인협회 이광일, 성용호 회장님께서 들으면 섭섭할지도 모르겠다. 이광일 회장님은 산림기술법 하위법령을 만들면서 많은 법인의 업역을 임업기술 발전을 위하여 양보 하신분이고 혼자 기술법을 지키고 공정한 산림사업의 산업화 위하여 국회, 산림청앞에서 상복을 입고 피켓을 드신 분이다.

전 원목생산자협회 원택상회장은 필자와 가장 많이 통화하고 원목생산업에 대한 어려움을 해결하기 위해 적극적인 행동으로 앞장 서시는 분이다. 임업기계 민간지원제도를 위해 직접 자료를 만들어 국회를 찾아가시고 필자를 찾아와 수없이 의논과 방법을 찾으시는 열정이 넘치는 미래 임업인을 위해 사시는 분이다.

산림기술진흥계획 연구자료에 의하면 2019년 말 현재 산림사업법인협회 가입 업체수는 1,201개중 345개 업체가 협회에 가입하였고, 산림사업엔지니어링협회는 업체수 560개중 152개업체, 산림기능인협회는 144개업체중 60개업체정도, 산림기술사협회는 113개중 74개업체가 가입되어 있다. 가입율로 보면 원목생산자협회가 18%, 법인협회 29%, 엔지니어링협회가 27%, 기능인협회가 42%, 기술사협획 65%정도이다. 모든 협회가 가입율이 극히 저조하다 할 것이다. 가입율이 저조하니 회비징수가 어렵고, 협회 차원의 교육, 자격관리와, 업체관리가 안되고 불이익이 없으니 가입할 필요성이 없고 악순환의 연속이된 것이다.

그런데 각 협회들은 산림기술법이 시행되면 회원들이 전부 협회를 가입할 것이라고 생각했다. 산림기술법 하위법령을 만들면서 각 단체장들은 교육, 업체와 자격관리 등은 재위탁을 협회로 받아 운영하는 것으로 알았기 때문이다. 그러나 최종 하위법령에서 재위탁 조항들이 빠지면서 회원들이 협회를 탈퇴하는 일들을 겪고 있기 때문이다. 산림기술법에의한 산림기술인회 조직에는 각 협회들이 분회로 가입되어 있어 협회 가입율이 저조하면 기술인회의 조직도 완성되지 못하는 악순환이 계속되는 것이고 기술인회는 기반이 부족하여 강력한 기술자들을 위한 일들을 하지 못하는 것이 되고 만다. 특히 국유림영립단의 회원수는 최근 급격히 줄었다. 사회적 기업 전환이 원인이다. 영림단원은 한 사람인데 영림단에도 사회적협동조합에도 가입한다. 이렇게 일자리를 늘리는건 아닌지 걱정이다.

산림기술진흥계획수립 연구용역을 수행하면서 협회별 임원진과 협회 활성화를 위한 면담을 한적이 있다. 왜 협회 가입율이 저조 한지를 집중적으로 토론하였는데 가입 저조의 이유는 다양하였다.

먼저 원목생산자 협회는 기술법에 의무화 되지 못한 업체의 일반직원들의 교육문제를 해결해 달라는 것이다. 또 원목생산자 교육프로그램 개발을 요구했고, 일부 현장교육은 협회 위탁을 해주길 요구했다. 또한 벌채현장에서 벌채 후 바로 조림할 때 정리작업의 권한을 줄 것을 요구했다. 조림지 정리작업의 권한은 산림사업법인협회와 협의를 거처야 하는 민감한 문제였다.

산림사업법인협회에서는 협회 상주직원의 인건비 지원, 공정한 사업 수주 체계를 요구했다. 또한 업역확대와 자체기술교육을 의무교육 프로그램으로 인정해주고 산림기술자 보유증명을 법제화하여 협회(분회)에서 수행하면 회원가입은 많을 것이라고 했다.

엔지니어링협회에서는 특급기술자로 승급 가능 하도록하고, 기술사들의 고유업역의 조정을 통한 협회 업역확대가 주된 내용이였다.

기능인협회에서는 자체교육프로그램 개발과 교육비지원, 사업회적기업에 대한 심층 분석과 대응, 기술자자격보유증명 제도 도입, 작업장 쉼터 설치등이였다.

기술사 협회에서는 자체교육의 의무교육으로 인정하고 기술인회의 역할확대와 적극적인 협회 가입유도 정책도입과 협회회원의 우대 정책등을 요구 하였다.

조경협회는 적극적인 도시림법의 추진과 산림과 조경의 협력방안을 모색해 달라고 했다. 그러나 가장 공통된 협회 활성화를 위한 요구는, 각 협회가 처한 현실에 대한 공감과 기술업체와 기술자 미래에 대한 청시진을 제시해달라는 것으로 요약되었다. 그래야 협회에 회원 가입을 활성화 할 수 있다는 것이였다. 필자는 이를 산림기술법이 시행되면서 기술인회의 역할과 각 협회들의 참여 정책이 부족한데서 나타나는 현상으로 보였다,

필자는 기술인회 집행부에 협회 입장을 적극적으로 설명하고 협회들의 열악한 취지 등을 보완하기 위한 제도 도입 등을 요구했다. 기술인회는 이러한 요구를 담아 운영계획을 수립하고 과제별로 해결책을 찾고 있는 중이다. 추진 중인 과제로서 사업의 확대, 기술자보유증명제도 도입, 각 협회들의 맞춤형 교육프로그램개발, 기술인의 날 제정과 시행, 기술진흥계획의 수립과 시행, 연구기관, 교육기관 설립과 활성화, 공제조합, 상조회 등으로 다 같이 이익과 자긍심을 느낄 수 있는 사업들을 하기로 한 것이다.

그러나 모든 기술자들이 단기간에 협회 가입을 하지 않을 것이다. 아직 혜택과 지원이 많지 않기 때문이다. 그리고 협회들의 현안 문제를 기술인회로 다 같이 뭉쳐야 해결된다는 것을 알기 때문입니다. 모든 기술자들이 모이고 현안을 토론하고, 부당한 것은 바꾸고, 업역을 확장하고, 미래를 제시해야 한다는

것이다. 특히 기술인회는 각 협회에 업무를 이관해야 한다. 그래야 협회에 비회원 기술자 가입율이 높아 질것이다. 협회의 업무 이관을 위한 기반으로 각 광역단위의 지부를 설립하고 안전점검기관, 품질관리업무, 공동사업 등의 업무를 부여하여 기술자가 지역에서 모이는 길을 만들어야 한다. 이것을 제도화 하기 위한 산림기술법의 개정 작업도 병행 되어야 할 것이다. 특히 시공업의 등록 · 관리를 산림자원법에서 산림기술법으로 이관해야 한다.

어떠한 협회의 일에도 산림기술인회가 나서 문제를 해결하는 자세가 중요하겠다. 이 자리를 빌어 각 협회장님들과 기술인회 임직원께 감사의 인사를 드린다. 기술법을 만들고 지키고 발전시키는데 엉청난 자기희생과 봉사가 있기 때문이다.

산림기술인회 9개 지회가 현판식을 마쳤다. 향 후 지역특성을 감안한 기술발전의 기반이 만들어지다
(2021. 제주지회 현판식)

제3장

산림기술의 역할

Forest,technology-industry

11_ 산림기술과 공제조합

2020년 현재 산림기술분야 업계는 설계, 감리하는 용역업계가 1,400개업체, 시공을 전문문으로 하는 시공업계가 2,000여개로 업체별 수주액은 평균은 5억원정도이다. 용역업체는 서울보증과 엔지니어링협회 공제에 가입하고 있으며 시공법인은 서울보증회사에 가입하여 사업을 한다. 연간 산림사업을 위한 보증보험료로 67억원 정도가 다른 분야로 흘러 간다. 자금만 외부로 가는게 아니라 우리 기술의 자존심도 흔들린다. 타 분야의 외부 공제조합을 이용하다보니 우리신림사업의 현실을 반영하지 못하고 권익 또한 보호 받지 못하는 결과를 초례한다. 산림사업에서 보증의 종류는 입찰을 위한 입찰 보증, 계약보증, 지급보증, 하자보증 등으로 사업을 진행시기에 따라 보증회사를 이용 할 수 밖에 없는 실정이다.

산림분야의 공제조합 설립에 대한 요청은 산림업계에서 꾸준하게 제기되고 있다. 2012년 마상규 박사에 의해 연구된 "산림기술인 육성 및 산림기술 진흥을 위한 법제화 방안 연구"[1]를 비롯하여 2014년 최인화 박사에 의해 연구된 "산림사업법인 운영 활성화를 위한 제도개선 방안 마련"[2]에서도 산림분야 공

1) 마상규 외(2012), 「산림기술인 육성 및 산림기술 진흥을 위한 법제화 방안 연구」, 『한국산림기술인협회』, p.16-18쪽

2) 최인화 외(2014), 「산림사업법 운영 활성화를 위한 제도개선 방안 마련」, 『강원대학교 산림환경과학대학』, p.70쪽

제조합의 설립에 대한 필요성을 강조하였다. 그러나 산림기술법의 초안에 공제조합설립의 조항이 있었으나 최종 법안에는 빠져 지금까지 외부에 의존하고 있는 실정이다. 너무나 안타깝고 한 기술자로서 후회스럽다.

공제조합의 설립의 목적은 각종 보증(계약이행보증, 하자이행보증, 선급금보증), 융자, 공제(근로자 재해공제) 등의 업무를 통해 산림사업의 업체들의 경제적인 부담을 줄여주는 목적이 있다. 공제조합은 사전채권확보(출자금을 통한 보증가능금액 확인)와 사후채권관리(보증서발급으로 사업장 책임보장) 체계를 확립하여 대외 신용도를 제고하고 조합원의 안정적인 공사수행을 지원한다. 또한, 자주적인 경제적 활동과 지위 향상을 도모하여 산림사업의 건전한 발전과 한국산림기술인회의 설립목적을 효과적으로 달성하고자 하는 것이다.

타분야의 공제 조합의 설립과 운영현황을 보면 건설산업기본법의 공제조합설립, 엔지니어링산업진흥법에서 공제조합의 설립, 대한소방공제, 소프트웨어산업공제등이 대표적이다. 그러나 우리 산림사업 업체들이 마음편히 가입할 곳은 없다. 시공업은 부득히 서울보증 한곳에 문을 두드려야 하는 현실이다.

지금까지 산림분야의 공제조합을 만드는것에 가장 큰 걸림돌로 2012년 한미 FTA이후 외국계 보험회사들의 반대가 있었다. 공제조합은 보험업법에 적용받지 않고 상법, 민법, 특별법 등에 적용받은 일반공제와 공정한 경쟁이 어렵다는 문제를 제기함에 따라 설립이 어렵다고 했다. 그러나 공제조합의 관리 및 감독이 강화되었음에도 불구하고 설립된 공제조합은 14개이며 2020년 현재 4개의 공제조합이 추가 설립 추진중인 것으로 안다. 우리도 산림기술업체의 공제조합의 추진 여건이 대ㆍ내외적으로 추진 할 시기 인 것이다.

〈 타 분야 공제조합 현황 〉

설립연도	구분	근거 규정	기관명
2012	조합형 공제	학교안전사고 예방 및 보상에 관한 법률	세종특별자치시 학교안전공제회
2012	조합형 공제	여객자동차 운수사업법	전국렌터카공제조합
2012	조합형 공제	사회복지사 등의 처우 및 지위 향상을 위한 법률	한국사회복지공제회
2012	조합형 공제	콘텐츠 산업진흥법	한국콘텐츠공제조합
2013	조합형 공제	자원의 절약과 재활용촉진에 관한 법률	한국농수산재활용사업 공제조합
2013	조합형 공제	식품위생법	한국외식업중앙회외식 가족공제회
2013	조합형 공제	자원의 절약과 재활용촉진에 관한 법률	한국포장재재활용사업 공제조합
2014	조합형 공제	건설기술진흥법	건설기술용역공제조합
2014	조합형 공제	폐기물관리법	한국자원순환공제조합
2014	조합형 공제	중소기업협동조합법	한국화물운송사업협동 조합
2015	조합형 공제	교정공제회법	교정공제회
2015	조합형 공제	자원순환 기본법	한국전자제품자원순환 공제조합
2015	조합형 공제	자원의 절약과 재활용촉진에 관한 법률	한국조명재활용사업 공제조합
2018	조합형 공제	태권도 진흥 및 태권도공원 조성 등에 관한 법률	태권도공제조합

공제조합이 설립되면 여러 가지 이점이 있다.

첫째로 경제적인 측면을 보면 산림사업 공사수행에 있어 발생 되는 보증수수료(계역이행보증, 하자이행보증, 선급금보증)의 절감에 있다.
특히, 현재 이용되는 시공업의 서울보증보험의 경우 공제조합에 비해 2~5배 이상 보험료가 높으므로, 업체의 부담을 다수 완화할 수 있으며 산림사업 분야의 비용 절감 효과가 있을 것이다. 공제조합은 낮은 임금 및 고위험 직종임에도 불구하고 산림 분야는 타업종과 달리 산림기술자들을 위한 별도의 산림공제조합이 설립되어 있지 않아 업무 중 발생하는 불의의 사고로 인해 경제적인 어려움을 직면할 수 있다. 또한 산림기술자 개인에 대한 사회적 지원 및 방어체계가 미비하여 사회적으로 고립이 우려된다. 그래서 공제조합이 업체의 경영기반으로서 필요하다. 산림공제조합의 설립을 통해 공사 및 업무수행 중 불의의 사건 · 사고, 퇴직, 연금, 대출, 증자, 소송, 보증 등의 발생 시 산림기술자들을 복리, 권익 등을 증진하고 보호할 수 있는 경제적 지원 방안이 마련되어야 한다는 것이다.

둘째로 사회적 측면으로서는 공공적인 성격이 강한 공제조합과 공제사업을 통해 발생하는 수익금을 기술산업발전에 사용할 수 있다.

사회적 공헌 활동을 하고 있는 대표적인 공제조합으로는 엔지니어링공제조합, 건설공제조합, 한국특수판매공제조합, 정보통신공제조합, BAT Korea 등이 있다. 특히, 건설공제조합의 경우 CG사랑나누리 봉사단를 구성, 임직원 및 대한적십자사 희망드림프로젝트, 플랜코리아 지역아동센터 환경개선사업 등 상시적인 사회공헌 활동을 위한 별도의 사업을 구축하였으며, 산림분야의 공제조합도 이러한 다양한 활동을 할 수 있을것으로 판단된다.

셋째로 교육적 측면에 기대효과가 크다 할것이다.
제6차 산림기본계획(2018~2027)에서는 산림경영인프라 확충의 일환으로 전문인력 양성과 고용창출 및 교육강화를 제시하였으며, 「산림기술법」 제7조(산림기술자의 양성 등)에서는 산림기술자에게 교육 · 훈련의 대한 의무를 부여하고 있다. 산림공제조합의 설립을 통해 발생하는 수익은 산림기술자의 안정적인 경제적 지원을 비롯하여 산림기술자의 지속적인 교육비 지원이 가능하게 되고, 나아가 산림교육을 위한 시설 기자재와 재료 지원, 인건비 지원, 교육과정 개발에 사용할 수 있을 것이다. 공제조합의 공제사업으로 산림기술자 기술력 향상으로 이어질것이고 최종 수혜자는 산림을 영위하는 국민임에 따라 공공의 이익 추구가 가능해질 것으로 판단되기 때문이다.

이제 우리의 모든 역량을 모아 산림공제조합 설립을 준비하고 적극적으로 추진을 할 시기라고 생각한다. 중요한 자본금은 산림과학기술공제회처럼 정부가 산림기술발전을 위해 출연하는 근거를 마련하고, 회원, 업체의 기존 출자를 산림공제조합으로 이관하면 자본금은 일단 확보될 것으로 판단된다.

무엇보다 산림기술법의 개정을 통한 법적근거 마련과 산림청의 의지와 기술자들의 관심이 가장 중요하다 하겠다.

제3장
산림기술의 역할

Forest,technology-industry

INSIDE

12_

산림기술진흥계획

「산림기술 진흥 및 관리에 관한 법률」이 2018년 제정되어 시행 중이다. 이 법은 산림기술자를 체계적으로 관리함으로서 산림기술 수준을 향상시키고 산림사업의 품질 및 안전을 확보하여 국민경제의 발전에 이바지함을 목적으로 한다. 법률 제3조에는 산림기술진흥계획을 5년마다 수립하여 시행하게 되어 있으나, 법이 시행된 지 3년이 지났지만 아직도 산림기술진흥계획은 수립되지 못하고 시행도 요원해 보인다. 산림기술진흥계획의 수립과 시행은 기술산업계의 어려운 현실을 극복할 수 있는 중요한 사안이고, 최근 벌채 논란과 탄소중립 정책에서도 산림기술자의 역할이 중요하므로 기술진흥계획은 반드시 필요한 것으로 판단된다.

기술진흥 계획 수립 여건으로 산림사업 업체의 소득 감소와 기술자의 고용 불안정이 가시화되고 있는 것이 가장 큰 문제이다. 현재까지 산림기술용역업은 1,216개, 산림사업시행업은 2,545개로 모두 3,761개의 업체가 등록되어 영업 중이다. 그러나 2015년부터 5년간 산림기술업계를 위한 자원육성 · 산림재해 예산은 거의 증가하지 않았다. 2019년 자원조성 및 육성분야 예산이 약 5,683억원으로 한 업체당 평균 1.5억원 정도이고, 사방사업과 재해방지사업을 포함한다 하더라도 2.0억원 정도로 추산된다. 산림청 예산 중 복지, 미세먼지, 대북지원, 수목원조성 등의 분야는 꾸준히 사업량을 늘려가고 있으나, 숲가꾸기, 조림, 사방, 임도 등의 사업예산은 늘지 않았다.

산림사업을 수행하는 업체가 이 규모의 사업 수주금액으로 법적인 등록요건 기술자를 확보하고, 4대 보험 및 세금을 지출하면서 업체를 유지할 수 있을지 의문이다. 용역업은 한 사람의 기술자에게 두 개의 기술자격을 인정하고 있어 업체를 유지할 수 있는 것이 상대적으로 시공업보다는 유리해 보인다. 그러나, 시공업은 기술자 최소 3명에 영림단원까지 고용해야 하니 도저히 정상적인 업체 운영이 어려울 것이다.

2019년 감사원감사 당시 언론 등의 기사를 보면 자격증 대여가 공공연히 이루어지고 단속 또한 거의 하지 못하는 실정이라고 보도되었다. 업체의 대표는 경찰 조사에서 "자격증의 대여 없이는 사업량이 적어 업체를 유지하지 못한다."고 진술하고 있다. 이러한 상황에서 산림사업의 품질을 높이고 안전관리를 철저히 하도록 업체에 요구할 수 있을까? 이러한 문제점을 돌출하고 장기적으로 풀어가는 진흥계획의 추진과제들이 나와야 한다는 것이다. 이에 산림기술진흥계획의 수립에 반드시 포함해야 할 사항을 몇 가지 제안하고자 한다.

첫번째로 산림사업의 시장을 확장해야 한다.

기존 산림사업의 예산으로는 더 이상의 기술산업 발전을 기대하기 어렵다. 최근에 대두되고 있는 산림자원을 이용한 탄소중립 정책에서 추가 예산과 사업량을 확보해야 한다. 우리 기술업체만을 위한 먹거리를 만들자는 것은 아니다. 미래를 위한 기반사업을 하면서 업체들의 경영도 정상화 하자는 것이다. 산림녹화사업 이후 다시 찾아 올 수 없는 산림분야 발전의 시대적 사명이고 기회이다. 또한, 산지복구의 민간 업무를 우리 산림분야 업체에서 설계하고 시공할 수 있는 방안을 만들어 연중 업체들이 일할 수 있는 환경을 만들어 주어야 한다. 산림기술법의 적용대상에 민간사업도 포함해야 한다. 산림기술법의 적용 대상은 국가, 지자체 등의 사업 발주에 국한 하고 있기 때문이다.

임업 선진국과 같이 산림을 경영하는 산주들에게 양질의 경영계획, 벌채작업장계획, 재해관리, 육림, 산지개발 등 현장 기술을 제공하여 기술시장을 확대하자는 것이다. 사방, 임도, 산지복구, 산림복원, 산림휴양등의 사업에서 타당성 평가업무와 기본계획 작성 업무를 기술법의 취지를 살려 기술자의 업역으로 가져 와야 한다. 민간업체의 참여가 가능토록 해야 할 것이다. 한 업체와 독점하는 일은 발전할 수 없고 활성화도 어렵다.

두번째로 산림기술 관련 정책 및 정보, 기술교육, 상호협력 등의 원활한 수행을 위해 업계 간 협회의 활성화가 절실하다.

「산림기술법」의 기술업계 주체는 산림사업법인협회 · 산림분야 엔지니어링협회 · 기술사협회 · 기능인협회 · 원목생산자협회 · 조경협회 등이다. 그런데, 산림청장에게 사단법인으로 등록한 협회의 기술자 가입률이 너무 저조하다. 특히, 원목생산업 · 산림사업법인 · 엔지니어링협회 등은 각각의 주체를 대표할 수 없을 정도인 50% 이하 이며, 기능인 · 기술사협회의 가입률도 높지 않은 실정이다.

〈 2019년기준 협회별 회원가입현황 〉

구 분	원목생산업 협 회	산림사업 법인 협 회	산림엔지니어링 협 회	산림기술사 협 회	산림기능인 협 회
사업장수	2,212	1,201	560	113	144
회원등록수	405	345	152	74	60
가입률(%)	18	29	27	65	42

2018년 「산림기술법」의 하위 법령을 만들 당시 협회별 업역 조율에서 협회 간 합의를 완료하였지만, 며칠 만에 비회원 기술자의 반대로 합의가 무산되는 사태가 발생하였다. 각 협회의 기술자 회원 가입률이 높지 않고 비회원의 기술자가 더 많기 때문에 대표성을 인정하기 어렵다는 것이다. 협회의 가입률이 저조한 결과는 많은 문제점을 야기한다. 지역에서는 사업 발주 시 협회 소속의 업체와 비회원 업체 간의 보이지 않는 갈등이 존재하기도 하며, 한 사안의 문

제를 달리 해석하기도 한다. 사안의 조정 능력을 잃어버려 정작 업체 간 협력이 필요할 때 할 수 없는 상태가 된다. 협회는 회원을 위한 기술교육프로그램을 만들지 못하고, 정책교육의 정보조차 일괄 지원하지 못하는 사태가 일어난다.

특히, 산림기술법이 시행되고 협회 중심으로 홍보, 교육 등이 이루어지고 있어 비회원 기술자와 업체는 상대적으로 법의 취지, 교육, 안전, 품셈, 품질관리 등의 정보가 부족해 법의 운용에 어려움을 겪고 있다. 2019년 「산림기술법」에 의한 (특)산림기술인회에서도 각 협회의 가입률이 저조해 기술인회의 회원 확보와 기술자의 통합된 의견을 수렴하기 어려운 상황에 처해 있다.

각 협회는 회원 가입률을 높이기 위해 가입 문턱을 낮추고 같이 가야 할 동반자로서 가입을 독려해야 한다. 그러기 위해서는 협회 가입 혜택이 명확하고 다양해야 한다. 단순히 친목 단체가 아니라 기술 수준 향상을 위한 자체 교육과 기술정보의 공유, 기술 이전과 협력을 통한 사업수행, 기계공구의 공동구매와 활용 등이 혜택으로 돌아가야 할 것이다. 산림청과 산림기술인회는 이러한 혜택이 추진되도록 지원해야 한다. 협회별 자체 교육이 법에 의한 법정교육을 대체하도록 하고, 업체 및 기술자의 경력 및 자격보유 등의 업무를 수행하도록 해야 비로소 협회는 각 단체의 특성을 유지하며 발전할 수 있을 것이다.

세번째로 산림기술은 심각하게 타분야 시장으로 종속되고 기술고유 특성을 잃어가고 있다.

산림기술 분야에서 산지복구 관련 민간업무는 유일하게 다양한 분야와의 협업으로 진행된다. 타분야 기술은 환경 · 측량 · 도시계획 · 조경 · 재해 · 문화재 분야 등이다. 산지복구 분야는 산림기술자가 주체가 되어야 하지만 책임기술자는 타분야에서 주도적으로 선임된다. 그 결과 산림기술업체는 아주 적은 사업비와 용역비로 타분야 종합업체에 기술과 경영이 종속되고 수익성 저하와 기술자의 자긍심에 큰 타격을 입게 된다. 실례로 자연휴양림 사업의 경우만 보아도 토목, 건축분야가 주체가 되고, 산림분야는 참여가 불가하거나 일부 지분으로 어렵게 참여하고 있다. 최근 자연휴양림 조성사업의 경우, 산림조합과 산림사업법인 업체는 거의 수주를 못 하고 있는 현실이다. 이는 건설산업과의 업역 다툼이 시작된 것으로 원인은 우리 기술관련 법률이 명확하지 못하기 때문이다. 시급히 산림분야 업체의 공정하고 신뢰할 수 있는 업체와 기술자의 실적과 경력관리가 필요하다는 것이다.

최근 이슈가 되고 있는 미세먼지 저감사업인 도시림과 산림복원사업에서도 건설 · 조경분야에 용역 · 시공이 집중되고 있다. 용역업의 경우 「산림기술법」에 녹지조경 사업자의 고유 업역이나 발주기관의 자의적 판단에 의거하여 왜곡 발주되고 있다. 특히 국토부, 환경부, 문화재청 등의 예산으로 산지에서 이루어지는 산림사업의 경우 산림분야 업체가 수주할 확률은 현저히 줄어든다. 바로 잡아야 할 문제이다. 최근에는 한국산림기술인회에서 전국의 G2b에 발주상황을 모니터링하고 적극적으로 잘못된 사업발주에 대응하고 있으나 예산이나 전문인력이 역부족인 것으로 안다.

산림분야의 품셈과 대가기준이 명확하고 엄격해야한다. 그리고 산림청장은 대가기준을 정하여 고시해야 한다. 산림사업의 적산기준을 집행하는 공무원이 토목직렬이거나 건축직렬이기 때문에 산림기술자와 담당공무원은 산림사업임을 설명하는 데 한계를 느낀다고 하소연 한다. 빠른 시일내에 산림사업에 적합한 직종과 노임단가를 고시해야 한다. 아직도 건설분야의 직농과 노임을 사용한다. 챙피한 일인 것이다.

네번째로 우면산 산사태 이후 우리의 사방기술은 전통성을 잃어가고 있다. 너무나 과학적이고 자연성이 높은 체계적인 기술이지만 건설, 토목분야의 잣대에서 정확한 수치를 요구하고 있기 때문이다. 그것뿐인가? 임의로 우리기술의 공정을 삭제하거나 단가를 줄이는 방식으로 우리 기술을 깎아내리거나 왜곡하고 있다. 제대로 반영되지 않은 사업비로 어떻게 우리 기술공법을 지키고 발전시킬 수 있을 것인지 걱정이 앞선다. 결국 그것은 산림사업의 공사 부실로 이어지고 우리의 고유 공종 · 공정은 점차 사라지게 하는 악순환으로 이어질 것이 뻔하다. 빠른 시일 내에 산림분야 고유의 기술과 우수한 기술자를 선발 · 육성해야 하고 고용을 안정화하는 정책이 필요하다.

다섯번째로 산림기술자와 업체를 위한 권익보호 정책이 수립되어야 한다. 2019년 산림기술진흥계획 수립을 위한 산림기술단체의 애로사항을 듣고 분석한 연구 내용을 살펴보면 기술자와 업체의 권익은 부재에 가깝다. 사업 발주량의 불공정, 시행자가 누구인가에 따른 시공 난이도를 고려한 사업지 배정, 현장에서 설계내역에 없는 서비스 공정의 요구, 민원 해결 요구 그리고 현실에 맞지 않는 임업기계를 내역서에 담고 설계변경 시에는 감액하는 사례 등 산림사업장내 불공정이 심각한 수준이었다. 시급히 기술자와 업체의 권익에 관한 실태조사와 개선책이 필요하다.

마지막으로 산림사업의 입찰 및 계약제도의 문제점을 고려한 제도개선을 추진해야 한다.

무엇보다도 사업 규모를 대규모화해서 공정입찰제도에 의한 발주가 중요하다. 그 효과는 업체들의 통폐합으로 유도될 것이고, 지역주의에 의한 봐주기식 산림사업은 줄어들 것이며, 업체들의 기술개발, 직원능력 향상교육 등 산림사업의 전반적인 품질향상이 분명하게 이루어 질 것이다.

기술자와 업체가 부당처분 등의 어려움을 이야기할 수 있는 신고센터가 필요하다. 신고센터에는 억울한 일이 있을 때 들어주고 받아줄 전문 기술자, 노무사, 변호사 등으로 구성되어 대응해주어야 한다. 또한, 산림기술의 주체성의 확보를 위해서는 모든 산림사업에 기본계획 제도와 산림복합사업의 개념 그리고 우리 산림분야가 PM[1]이 되는 하도급제가 도입되어야 우리 업체와 기술자들의 권익과 자긍심이 보호될 것이다.

부디 산림기술법에 의한 산림기술진흥계획에 이러한 것들이 담겨 차분히 추진

1) 다양한 공사로 구성되어 있는 복합프로젝트를 총괄하는 것을 말함(Program management)

되어주길 바란다. 작은 것부터 먼저 시작해야 한다.

산림기술진흥계획 추진에 행정조직의 확대도 필요하다. 현재의 산림청 일자리팀에 1개의 사무관으로서는 도저히 기술산업을 만들어 내지 못한다. 산림기술지원과를 신설하고 기술진흥, 기술자 및 업체관리등 기술산업화와 일자리가 만들어지는 지원을 해야 한다는 것이다. 그럼 산림기술자들과 업체는 분명 보답할 것이고 국민들은 산림사업을 신뢰하고 지지할 것이다.

제4장

산림기술의 생각

Forest,technology-industry

INSIDE

01_

목재생산과 산림의 이용 이렇게 했으면 한다.

필자는 2013년 일본 교토 인근의 임업경영의 자존심인 기타야마(北山) 지역을 다녀왔다. 이 지역은 일본에서 삼나무로 다실용 특수용재 생산과 소규모 군상벌채로 유명한 곳이다. 이 지역에서 목재수확현장, 목재가공공장, 가공된 목재를 이용하여 건축하는 과정까지를 보고 임업이라는 것이 살아있다고 생각했으며, 이 지역의 삼나무 대경목이 부러웠었다. 특히 젊은 임학도들이 벌채현장에서 땀 흘리며 벌목과 경영계획을 배우는 장면을 보고 임업장래의 희망을 보고 왔다.

그러나 최근 그 지역에서 작은 변화들이 있다는 것을 알았다. 500ha 삼나무, 편백나무 조림지의 전통임업을 하시던 아버지의 가업을 이어받은 교토대 이와이 요시야(岩井吉彌) 교수님은 퇴직 후 바로 임업경영을 하기위해서 산으로 돌아왔었지만 현실은 참담했다. 최근에 목재판매의 부진으로 시장 경쟁력을 잃었기 때문이다. 그래서 생각한 것이 삼나무 맹아를 이용한 분재의 생산과 목재생산을 같이하는 복합임업으로 전환을 한 것이다. 그래도 목재가격하락을 걱정하시는 교수님의 얼굴에서 임업을 지키기위한 열정을 보았다.

삼나무 특수목을 전문적으로 생산하는 회사는 일본 전통건축에서 내장재 및 공예품을 생산하여 기타야마지역에서 대표적인 성공한 회사였다. 여전히 3대째 목재생산, 가공, 건축업까지 종합적으로 하고 있었으나 목재생산 위주의 회사 경영방식에서 목재를 이용한 건축을 주로 하는 회사로 전환을 모색하고 있었다. 목재생산업만으로는 급 변하는 시장을 따라 잡기 힘들고 수익성이 없기 때문이란다.

〈 삼나무 근주를 이용한 조경수 생산 복합경영 〉

43년간 목재종합센터를 운영하시던 그 지역의 목재회사 회장님은 향후 10년 후 임업의 전망을 묻는 필자의 질문에 "회사 설립이후 점차적으로 임업을 하기에는 어려움이 있어 새로운 경영방식을 도입해야 한다고" 했다. 이는 1970년 회사를 시작할 당시 목재 경매평균가격이 23,260엔/㎥, 1980년 53,444엔/㎥, 2012년 11,220엔/㎥으로 급격히 떨어져 경쟁력을 잃고 있다며 앞날을 우수한 용재의 생산보다 많은 목재량을 확보하는 개념의 경영방식을 고려해볼 필요가 있다고 조언해주었다. 부산물의 바이오매스 수집과 공급을 해야 한다는 것이다. 지금 우리나라 임업현실도 같은 처지이다. 탄소중립에 맞춘 경영방법의 전환이 필요한 것이다.

그 당시 일본 국산목재보다 외국산이 더욱 값싸게 수입되고 있으며 특히 목재 수요층이 점차 합성목재, 대용재로 많이 옮겨가고 있기 때문에 대경재의 수요는 줄 것이라는 것을 예측했다. 산촌의 고령화로 인해 새로운 임업전문 노동력의 확보에 어려움이 있다고 했다. 다행히 최근 일본 임야청은 "임업 노동력 확보 촉진법"을 만들어 대응하고 있으니 마냥 부러울 뿐이다.

〈 산촌활성화를 위한 6차산업시행지 havestr hill 〉

그래도 우리나라의 상황과 비교해보면 기타야마 임업의 위와 같은 현실은 좋은 편으로 볼 수 있지 않을까 하는 생각이다. 일본은 목재생산이 용이한 인공림의 분포 비율이 60%정도이며, 입목축적이 200㎥/ha, 임업기계의 활용성, 산림조합과 민간목재회사가 산주와 끊임없는 대화와 산주수익을 기본 전제로 목재생산을 하고 있으며, 자국 국산목재 소비를 위한 각종 홍보와 국산목재 이용촉법을 제정하여 시행중이며 시민참여 제도까지 있어 우리와는 많이 다르다 할 수 있기 때문이다.

또한 일본은 전통가옥 신축 시 자국 목재를 선호하는 국민들의 정서를 감안하면 임업의 장래가 어둡다고 볼 수 만은 없는 것 같다. 특히 우리나라보다 숲의 영급이 크고, 대경목이 전국에 산재해있어 많은 시설을 투자하지 않고도, 숲의 이용한 산림치유, 산림휴양, 관광등의 숲의 부가적인 기능을 자연스럽게 도입하고 이용이 가능하기 때문이다. 또 산촌 정주권의 확보를 위한 소득사업과 다양한 지역특성을 감안한 산촌활성화 정책들을 시행하고 있기 때문이다. 산촌에서의 목재생산과 부산물을 이용하여 생산, 제조, 판매가 동시에 이루어지는 6차 산업을 유도하고 있어 소득과 산촌 젊은 인력이 유입되는 두 마리 토끼를 잡고 있는 듯하여 일본임업의 앞날은 그렇게 어둡지만은 않다는 것이다.

〈 교토부 산림조합 간벌재를 이용한 사방댐 재료 가공공장 〉

스웨덴에서 4년마다 개최되는 임업기계전시회(ELMIA WOOD)가 개최되었는데 현재 세계적인 임업기계의 현실을 임업기계에서 잘 반영하고 있었다. 가선위주의 목재생산기계는 거의 사라지고 있다는 것이다. 이것은 대규모 벌채가 어렵고 기계 및 선로를 설치하는 기능공의 확보가 어렵다는 것을 반영한 변화이다. 그 대신 벌목, 조재, 운반까지 가능한 고성능수확기계(Harvester)가 대규모, 중규모, 소규모로 각 회사들마다 출품하고 있어 현재 임업의 현장실태를 실감할 수 있었다. 1인 생산과 빠른 기계화를 요구하고 있는 것이다. 그러나 우리나라는 산림자원을 이용한 벌채시대에 임업노동력의 육성도 임업기계도 준비하지 못했다.

〈 고성능수확기계와 운반차의 일체형 〉

2050 탄소중립산림분야 계획에도 인력 및 기술자육성이 포함되지 않은 듯하여 마음이 무겁다. 또한 파쇄기와 땔감용 목재 자르기와 쪼개기의 기계가 많아진 것이 특징인데, 용재 생산 뿐 만 아니라 나무의 뿌리, 줄기, 잎까지 수집하여 바이오매스산업으로 연결시키기 위한 기계와 가정에서 사용하는 연료보조용 생산이 증가하였다고 볼 수 있다.

친환경, 생태적 수확을 위한 기계들의 작은 변화들도 볼 수 있었는데, 차량계 바퀴가 궤도에서 고무타이어로 바뀌어 임지의 훼손을 최소화하려는 노력이 보였다. 출품 회사들마다 거의 동일 했다. 또한 수확을 위한 작업로 개설을 최소화하기 위한 산악지 고성능 운반기계들의 전시와 시연이 많았다. 또한 대규모 벌채가 아닌 1인이 기계 한 대로 작업도로의 개설을 최소화하면서 벌목, 조재, 운반까지 할 수 있는 소규모의 기계들과 목재생산 단가를 줄이기 위한 대형복합기계, 현장조재 및 가공기계들이 대세였다. 향후 우리나라의 목재 생산의 정책에 참고할 만한 사항이였다. 우리의 현실은 임도개설도 어렵고 임업기계는 먼 나라 이야기이다. 현장에 기계도 노동력도 없는 실정인 것이다.

위에서 살펴본, 일본 기타야마 임업지역과 스웨덴의 임업기계전시회의 사례에서 우리나라의 목재생산 여건이 얼마나 어려운지를 실감한다. 우리의 목재생산지역은 지형이 험난한 산악 경사지로 이루어져 큰 기계화작업이 어렵고, 상대적으로 토양의 비옥도가 낮아 조림 후 성장속도가 느리며, 천연림 위주의 소나무와 참나무류가 경급과 수고가 크지도 않아 목재를 수확하는데 비용이 상대적으로 많이 소요된다. 또한 사유림 비율이 높아 간벌과 목재생산을 위한 시업의 제한성이 있으며, 기후조건 또한 사계가 뚜렷하여 수확 후 임지복구가 어렵고, 국민들의 인식 또한 목재수확과 벌채에 인색해 있어 목재수확 측면에서 보면 강점이 없는 것이 사실이다.

그러나 우리나라의 산림과 산림자원 만큼은 경쟁력이 없다고도 볼 수 없다. 양질의 소나무 숲을 가지고 있으며, 어느 나라에도 구경하기 어려워진 참나무류가 우점하고 있으며 다양한 수종과 아름다운 사계절 숲의 경관을 가지고 있어 이것은 우리가 가장 강점인 것에 틀림이 없다. 그럼 우리나라는 앞으로 어떻게 해야 할까? 우리의 장점을 살려서 우리 실정에 맞는 목표를 재설정하여 가는 수밖에 없다.

우선 실제 산주를 만나 경영가능구역의 선정이 필요하다. 실질적인 경영주체의 결정, 임업인력의 양성, 목재 비생산지의 이용과 활용, 사회적인 목재생산의 필요성에 대한 인식공유 등에 기초한 정책을 꾸준히 추진한다면 충분히 가능성이 있다 할 것이다.

〈 자생 대나무를 이용한 휴양시설의 동선 〉

필자는 지금 이 시점에서 목재수확의 걱정과 마찬가지로 숲을 이용하는 측면에서 많은 걱정이 앞서는 것은 무엇 때문일까? 숲 치유 및 휴양, 체험은 유럽 임업선진국이 앞서있고 일본도 숲 치유, 휴양, 체험 등의 다양한 시설과 단지가 있다. 그런데 이들 국가들은 우리나라의 숲보다 역사가 앞서 큰 나무 아래의 자연스러운 휴양 프로그램 도입이 가능하고 특별히 숲을 훼손하면서까지 시설 위주의 휴양시설을 할 필요가 없다. 그런데 지금 시행되고 있는 우리의 산림휴양 · 복지 시설은 그렇지 않다고 필자는 생각한다. 국가 및 지자체가 휴양, 치유시설은 거의 독점하고 대규모이며 산지개발 위주이기 때문이다.

최근 숲을 휴양 목적으로 찾는 이용자는 숲의 다양성과 매력을 경험했거나 알고 있다. 우리 국민은 숲을 즐기는 수준은 높고 도시화에 지처 인위적인 것에 식상해 있다. 시설투자 및 관리에 많은 자금을 투입하지 않고, 자연스럽게 나무가 자라면 사람들은 숲을 찾고 그곳에서 휴양 · 체험하며 산주는 소득을 창출할 수 없는 것일까? 교과서에서 배운 생태경영은 어려운것인가? 최근 정부가 지향하는 임업분야의 창조경제의 하나로 보아도 되지 않을까 하는 생각이다.

〈 프랑스의 자연을 보전한 테라피 단지 〉

그런 측면에서 현재 만들어진 영주, 예천 백두대간테라피단지, 칠곡 나눔숲 사업의 국책 사업은 아름다운 백두대간의 농 · 산촌을 신도시를 계획하듯 하여 고급화된 우리나라 중산층의 자연 휴양, 치유 수요자와 소외계층 수요자의 욕구를 모두 충족시켜줄까 하는 걱정이 앞선다. 다양한 수요는 산주들의 지역 삼림을 이용한 휴양 · 복지사업이 가능하도록 하는 지원책도 생각해 보아야 한다. 대규모 산림휴양 · 복지시설은 농산촌의 경작지와 산촌마을을 없애고, 도로를 포장하고, 상하수도를 설치하며, 숙박시설을 개보수하고, 자연숲과 산간계곡을 인위적으로 조경을 하고 있으니 말이다. 시설위주의 산림휴양 정책은 나중 내방객이 오지 않으면 관리에 많은 예산을 들여야 할 뿐 아니라 극단적으로 다시 복원해야하는 결과를 초래할 것이고, 산촌 주민들이 고향을 떠나 돌아올 수 없게 할 것이다.

최근 코로나19 사태 이후 우리나라에도 차박 캠핑족들이 급격히 늘고 있으며, 펜션, 콘도의 이용객이 줄어드는데 주목해야 할 것이다. 인위적인 시설보다는 동물과 식물을 직접 가까이하는 친자연적인 방식, 또 향수를 불러일으키는 농 · 산촌의 메밀꽃, 옥수수밭, 누렇게 익어가는 논벼, 연꽃밭의 연꽃, 산자락의 층층나무꽃과 단풍, 이른 봄 산수유, 작은 전통가옥들, 경작지 주변 돌들, 숲이 우거진 옛길등 한국인이 사랑하는 경관으로 자연을 즐길 수 있도록 해주는 것이 향후 경쟁력이 있을 것이다.

〈 진도 편백나무의 휴양시설 〉

캠핑 뿐만이 아니라 숲길을 트레킹하는 것도 유행인 듯하다. 제주도 올레길을 선두로 지리산둘레길, 외버선길, 북한산둘레길, 내포문화숲길 등 전국에 수많은 길들이 산림청, 환경부, 국토부 등에서 만들어지고 있으며 이 길들의 개설 효과에 대한 점검이 필요한 시기인 것 같다.

〈 청산도를 걷는 이용객 〉

2013년도 봄 청산도의 느림보길과 가야산 해인사 소리길을 찾아보았는데 길의 개념을 어디에 두어야 할지? 우리가 이 길을 왜 개설했는지? 한번 생각해 보게 했다. 청산도는 우리나라에서 슬로시티로 유명하고 봄에 엄청난 관광객이 걷기를 열망한다. 그런데 그 많은 관광객은 왜 청산도를 찾았던 것일까? 대부분의 사람들은 보리밭과 바닷가 옛집, 유채밭과 다락밭의 돌담, 숲속에서 바라보는 바다경관을 보기위해서 아닐까? 이 경관요소들은 어디에서 나올까? 주민들의 생활에서 나왔다. 그런데 청산도는 외부 자본가에 의한 펜션의 신축과 인위적 돌담, 많은 이용객으로 느림보 축제에 동원된 주민들로 인한 보리농사가 없어지고 있다. 마을 빈집은 그대로인데 논밭을 개간하여 신축건물이 청산도의 생활경관을 없애고 있다. 차후 청산도가 어떤 모습으로 변할 것이고, 진정 주민들을 위한 지속성 있는 정주권 확보와 소득 창출을 위한 사업인가를 한 번 더 깊게 생각해 보아야 한다.

가야산 소리길은 해인사 계곡을 따라 걷는 참 좋은 길이다. 소리길을 걷고 치인지구에서 숙박하고 아침을 먹고 택시를 탔는데 너무나 주변 마을은 조용했다. 왜일까 궁금해서 물었다. 모두들 하시는 말씀은 "소리길에 대한 지역활성화에 기대를 걸었다" 그런데 현실은 주변 50% 넘는 여관과 식당이 문을 닫거나 영업을 중단하고 있다고 했다. 늘어나는 건 쓰레기와 입구의 외지인의 간이식당, 야영장 등이 생긴 것뿐, 그 외에 모든 것이 기대 이하라는 것이다.
이 두 개 길을 깊숙이 들어가 보면 길은 갑자기 몰려오는 관광객을 맞이하는 것이, 아닌 주제와 목적이 있는 지속적으로 이용되고 체험하는 생활길이어야 한다는 것이다. 주민들과 이용객이 하나 되어 그 집에서 자고 먹고 체험하고 그 지역에 머무르게 하는 방안이 필요하지 않을까 하는 생각이다.

제4장

산림기술의 생각

Forest,technology-industry

02_

임업현장에서 이러한 기계도 필요하다.

※ 이 글은 정규원, 정용성[1]이 2018년 미국남부현장견학 보고서를 요약한 것이다.

최근 우리나라의 산림사업에서 부득이 발생하는 병해충 피해목과 임도 및 도로건설에 따른 지장목과 뿌리 등을 처리하는데 많은 비용과 노력이 들어가고 있다. 그러나 산불발생 및 연기 분진등의 발생으로 현장소각을 할 수 없는 실정이다. 미국의 Air Burner사에서는 임업과 농업에서 부산물로 발생하는 폐잔재를 발생 장소 인근에서 소각하여 폐기물 운반비를 절감하고, 소각과정에서 발생하는 열을 이용한 전기발전을 할 수 있는 시스템과 기계를 개발하여 전 세계에 보급하고 있다.

특히 소형차량에 견인하여 임내까지 진입하여 소각할 수 있는 기계는 우리나라 산지의 특성을 감안하면 소나무재선충병 방제지역이나 임도 및 작업도 신설지에 적합하나 할 수 있으며, 또한 대형소각기는 산촌 단위의 숲가꾸기산물, 병해충피해목 등을 수집하여 소각에 따른 바이오메스 발전을 통한 산림자원 효율적이용 측면에서도 긍정적으로 생각해볼 필요가 있다 할 것이다.

우리나라에서도 축산분야에서 방역 목적의 소각기 개발과 이용사례를 볼 수 있으나 우리나라 임업에 적합한 소각기와 소각기술은 전무한 실정인 바, 임업에서의 소각로 도입 검토와 기술개발은 향후 산림내 부산물의 효율적 이용과 마을단위의 전력생산을 통한 에너지 자립 산촌마을 조성에 기여할것으로 판단된다.

1) 정용성 : 숲산사 산림기술사 사무소 부장

1. 서론

최근 임업분야에서 소나무, 잣나무림에서 피해가 극심한 소나무재선충병의 방제에서 부분적으로 피해목의 소각이 필요하다. 그러나 현실적으로는 노천소각은 어려운 것이 현실이다. 현행 산림청 소나무재선충병방제 지침에서 방제방법은 훈증, 파쇄, 소각, 매몰, 박피, 그물망피복 등이 소개되어 있으며(산림청, 2017), 산림기술연구소(2017)에 따르면 최근 3년간 훈증과 파쇄의 적용비율 합계가 전체 방제방법 중 90%이상을 차지하고 있는 것으로 분석되었다.

축산업 분야의 가축의 매몰은 임업분야의 훈증과 그물망 피복과 유사한 적용 양태를 보이고 있으며, 실질적인 임지내 매몰의 적용비율은 대단히 낮다. 또한 축산분야의 가축병에 의한 방제로 매몰이 주 방법이며 소각작업은 일부 활용되고 있으나 다른 선진국처럼 보편화 되어 있지는 않고 있는 실정이다. 축산분야의 매몰작업도 침출수등 2차 토지오염으로 지속적 방제 방법으로 사용하기에는 어려울것이며 소각방법과 소각에 따른 부차적 가치를 얻을 수 있을것인가의 문제가 있음은 틀림이 없다. 다만 소각방법의 경우 임업분야에서는 현행 지침에 소각방법이 포함되어 있고 제주도 방제사업지에서 지조(가지 부분등)의 경우 노천 소각을 일부 진행하고 있으나 산불발생 위험 및 자원 재활용에 불리하여 보편적으로 확대되고 있지는 못한 실정이다.

그러나 2013년 이후 소나무 재선충병의 피해본수와 발생본수가 감소추세를 보이는 것과 달리, 방제예산은 지속적으로 증가하고 있는 실정이다(산림기술연구소, 2017). 따라서 경제적인 소나무재선충 병의 방제와 방제방법의 다변화를 위해서도 소각시설의 도입을 검토할 필요성이 있다.

산림기술연구소(2017)에 따르면 소나무재선충병 방제사업의 비용분석 결과 수집-파쇄에 의한 방제방법이 훈증방법에 비해 본당 사업비에서 더 높은 것으로 나타났으나, 훈증더미제거가 후속사업 으로 추진되는 경우 오히려 수집-파쇄에 비해 경제성이 더 낮아지는 것으로 분석하였다. 또 파쇄비용 및 파쇄후 수요처로의 운반비용은 파쇄산물의 상업적 이용금액과 상쇄된다고 가정하였으며, 실제 소나무재선충병 방제현장에서도 제주도의 사례에서처럼 열병합발전소에서 파쇄와 운반비용을 파쇄산물의 이용대금으로 충당하는 형태의 무상양도 협약이 체결된 사례가 있다(연합뉴스, 2013). 또 산지의 전용이나 임도개설 등 산림토목사업의 결과 발생하는 임목폐기물은 발생주체가 임목폐기물에 대한 운반 및 처리 비용을 지불하여 처리하고 있는 실정이다.

문호성 등(2015)은 산림바이오매스를 활용하기위한 과정에서 발생하는 공정과 비용을 분석하였는데, 체인톱에 의한 벌목및 조재와 타워야더에 의한 집재, 임내작업차에 의한 소운재, 트럭에 의한 운재작업으로 이루어진 임목수확작업시스템이 가장 효과적인 것으로 나타났다. 또 문호성(2014)의 연구에서 작업별 작업비용 부분에서 가장 경제적인 방법들을 기준으로 각각의 단위 작업별 비용 구성비율을 분석해 보면 벌목 및 조재, 집재, 소운재 및 집적은 전체 비용 중 38%를 차지하고 있으나 파쇄 및 상차, 대운반이 62%를 구성하고 있는 것으로 나타났다. 위 결과들을 종합해 보면 소나무재선충병의 방제와 같이 양질의 산림바이오매스가 대량으로 발생할 경우 파쇄 및 상차, 대운반 비용이 발생산물의 매각으로 상쇄되지만 임목뿌리 등 품질이 불량한 산림바이오매스의 산발적 발생은 폐기물에 준하는 운반과 처리비용이 발생하고 있는 실정임을 유추할 수 있다, 즉 파쇄 및 상차, 대운반 과정을 생략하고 현지에서 바이오매스를 자원화 및 이용할 수 있을 경우 가장 경제성이 높을 것으로 추정된다. 이를 위해 적용가능한 기술은 바이오매스발생장소에서 소각로와 ORC(Organic Rankine Cycle, http://www.htrdkorea.com/ORC.pdf)를 이용한 발전시스템이다.

본 원고에서는 2018년 미국 바이오매드 연수에서 필자와 숲상사에서 근무한 정용성부장이 소각기 필요성을 공감하며 작성한 것이다. 공기막 소각로와 ORC발전설비 기술을 상용화 하여 보급중인 미국의 Air Burner사를 견학한 결과를 바탕으로 산림바오매스의 활용과 국내도입의 검토화 향후 연구과제를 중심으로 소각기 도입을 제안 한 것이다.

2. Air Burner 회사의 소개와 제품

1) 회사 소개

AirBurners사는 목재 및 식물성 폐기물을 처리하는데 사용할 수 있는 'air-curtain(공기막)소각로'를 개발하여 20년 이상 세계 각지에 제품을 공급하고 있는 회사다. 특히 공기막소각방식 소각로에 대한 특허를 보유하고 있어, 관련 분야에서 선도적인 기업이라 할 수 있으며, 소각로의 열을 전기발전에 활용하는 ORC(Organic Rankin Cycle)발전설비를 상용화하였다. 또 AirBurners사의 소각로는 미국환경보호청(U.S. Environmental Protection Agency)으로부터 배출기준과 관련한 시험을 통과한 제품을 개발하였다.

〈 회사 내부전경과 소각기 〉

2) 핵심 기술의 장점

a) 공기막(air-curtain)소각로는 목질계 폐기물을 자연상태에서의 소각보다 빠르고 환경 친화적으로 처리할 수 있다. AirBurners사에서 보급중인 10ton 규격의 FireBox는 1시간 만에 20ton의 폐목재를 소각할 수 있으며,

일반적인 개방 환경에서 동일한 량의 폐목재를 소각하기 위해서는 약 48시간 이상의 시간이 소요될 수 있다.

〈 공기막(air-curtain)소각로와 일반소각조건의 연기 발생량 차이 〉

b) 공기막소각로의 또 다른 장점은 연소촉진 뿐만 아니라, 연소 후 배출되는 연기속에 포함되어 있는 미세먼지의 양을 최소화 하는데 있다. 소각로는 공기막의 형성으로 인해 연소과정에서 발생하는 연기는 소각로 내에 갇혀 재연소가 이루어지고, 미국환경보호청의 매연배출 기준에 부합할 정도로 환경 영향성이 낮아진다.

〈 공기막(air-curtain)소각로 개념도 〉

c) AirBurners사의 소각로는 최초 착화시에 디젤등 화석연료를 이용해 점화가 필요하나 목질계 바이오매스의 경우 15분~20분의 초기 착화과정이 지나면 공기막으로 자체적인 소각촉진작용이 발생하여 안정적인 소각환경이 조성된다. 해당 회사의 소형 소각로는 시간단 1~2ton의 폐목재를 소각할 수 있으며 가장 큰 규격은 시간당 10ton이상의 폐목재 처리가 가능하다.

3) 주요제품별 제원 및 특징

a) PGFireBox는 지조, 수간, 폐뿌리 등을 구분하거나 파쇄할 필요 없이 소각할 수 있으며, 분해 및 재설치가 가능한 특징이 있다. 또 굴뚝이나 기초공사 등 영구 시설물의 설치가 필요없는 장점이 있다. 현재 상용화된 PGFireBox는 최초 착화 후 연소과정에서 천연가스 같은 보조연료원없이 발전이 가능하며, 100kW, 500kW, 1mW 규격이 공급되고 있다. 제품가격은 미국 현지 공급가 기준 $700,000~$3,800,000이다.

〈 소각로와 ORC 발전모듈 전경 〉

b) FireBox는 발전 모듈을 제외한 대용량 소각로이며 평판트레일러 등을 활

용하여 이송할 수 있으며, 미국 현지 공급가는 \$82,000~\$166,000이다.

c) Roll–off FireBox는 훅 리프트(Hook lift, Hydraulic hooklift hoist)차량에 바로 적제가 가능하도록 제작된 디자인의 제품으로 시간당 폐목제 처리율은 1ton에서 최대 5ton 가량이다. 미국현지 공급가격은 \$89,000~\$122,000이다.

〈 Roll-off FireBox 〉

d) BurnBoss는 소각로에 바퀴가 장착되어 있어, 견인이 가능하여 임내 이동식 소각이 가능한 특징이 있다. 소형 트럭이나 트렉터 등으로 견인할 수 있으며 시간당 7㎥~15㎥의 폐목재를 소각할 수 있다.

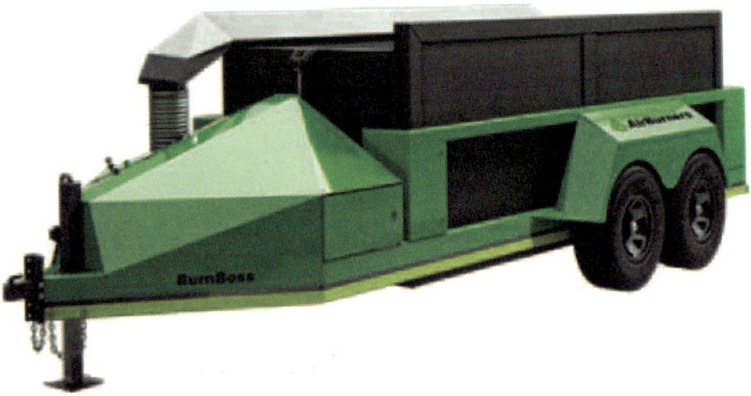

〈 BurnBoss 〉

e) Trench Burner는 6m길이의 공기막을 형성할 수 있으며, 지면에 구덩이를 파고 소각을 진행할 경우, 그 구덩이를 소각로화 할 수 있는 장비이다. 시간당 폐목제 처리량은 8ton가량이며, 미국현지 공급가는 $42,000 ~ $53,000이다.

〈 Trench Burner 〉

3. 우리나라 축산업, 농업에서 소각기 사용사례

축산업 분야에서 폐사율이 높은 가축전염병이 발생하면, 그 전염병의 구제와 확산 방지를 위해서 다량의 살처분이 진행된다. 살처분으로 다량의 사체가 발생한 경우 후속 처리를 위해서 보편적으로 사용되는 방법은 매몰과 소각, 재활용이 있다(윤하정 등, 2009). 먼저 매몰은 크게 구덩이 매몰 (Trench burial), 위생매립 (Landfill), 다량 매몰 (Mass burial)로 구분된다. 다음으로 소각 방법은 노천소각(open-air burning), 고정시설 소각(fixed-facility incineration), 공기막소각(air-curtain incineration)으로 구분된다. 끝으로 재활용방법으로는 퇴비화(Composting), 렌더링(rendering), 유산발효 방법(재활용 이전 보관단계에 적용)이 있다(이균택, 2011)

농업분야에서 김동영 등(2016)은 농업잔재물 노천소각 시 불완전 연소에 의한 대기오염 물질의 배출에 대해 연구를 수행하였으며, PM10의 배출량은 경북(2,445ton), 충북(1,098ton), 전남(1,016ton)순으로 높은 배출량을 보였는데 그 중 경북의 경우 과수농가의 비율이 높기 때문에 목질계 농업잔재물의 소각량이 많고 그 결과 PM10의 배출량 부분에서도 높은 값을 보인 것으로 분석하였다. 외국에서는 농업잔재물의 무계획적인 노천소각에 의한 환경영향을 줄이기 위해 수거 후 퇴비화하여 비료로 활용하거나, 펠릿 형태로 가공하여 안정된 연소환경에서 연료로 사용하는 방안 등이 장려되고 있다(UNEP, 2009). 이균택(2011)은 소각방법 중 공기막 소각(air-curtain incineration)에 대해 인공적으로 바람을 강하게 불어 넣어 연소속도를 증가시키는 방법으로 노천소각보다 연소속도가 6배 빠르며 소각시설의 이동이 가능한 장점이 있다고 소개하고 있다. 또 공기막 소각은 일반적으로 대기배출기준을 감안할 때 친환경적이나 연소시 연료소모의 단점이 있다고 평가하였다. 즉 상기 연구결과 들을 종합할 때 임업에서 소각에 의한 부산물을 처리하기 위해서는 공기막소각을 우선 검토할 필요성이 있는 것으로 판단된다.

4. 우리나라 임업에서 소각기도입의 검토와 향후 연구과제

1) 우리나라 산림바이오매스 현황조사

국내 임업분야 부산물과 폐잔재의 발생 현황과 특성 분석이 필요하며, 분석 결과를 토대로 폐잔재를 발생장소에서 소규모 분산 처리하는 방안과 수집 후 대규모 시설에서의 처리방안의 경제성과 환경 위해성 등을 비교할 필요성이 있는 것으로 판단된다

2) 산림바이오매스 처리 방법별 특성조사

산림바이오매스용 부산물과 폐잔재 발생장소와 처리장소의 결정에 따라 크게 구분될 것으로 판단된다. 즉 폐잔재가 발생한 장소에서 소각 및 발전이 즉각적으로 이루어질 경우 바이오매스의 장거리 운반 및 파쇄, 펠릿화 등 중간 가공과정이 생략될 수 있어, 각각의 처리체계별 특성을 조사할 필요성이 있다. 또 정량적인 비교분석을 통해 경제성과 작업효율성의 공정연구가 필요하다
또한 소각형태에 따른 환경영향을 별도로 검증할 필요성이 있으며, 국내 대기오염물질 배출기준 등 관련 규제 및 법령도 함께 연구해야 할 것으로 판단된다.

3) 유사분야의 소각로 운영 특성 분석

외국으로부터 소각로를 도입하여 운영한 사례가 있는 축산업 분야에서, 이동식 소각로를 운영하는 과정에서 발생한 장점과 단점에 대한 사례조사 및 이를 임업분야에 접목했을 때 예상되는 상황별 대응방안, 개선방안에 대한 연구가 필요하다.

4) 임업폐기물 소각처리의 경제성 분석

- 임업에서 폐기물의 발생현황과 이용실태분석을 통한 자원화가 가능한지의 검토가 필요하며 소각과정에서 발생하는 열에너지를 활용하여 발전을 시행할 경우 기대되는 재활용가치는 기존의 재활용 방식에서 얻어지는

경제적 편익과 전력 발전이익을 비교분석 연구가 필요하다.

5) 소각기운영 효율적 모델 개발

산림바이오매스의 에너지 자원화를 통해 산촌지역을 에너지자급지역으로 육성할 수 있을 것으로 기대되며, 이를 위해서는 바이오매스 수집과 보속경영을 위해 적절한 산림의 면적과 수집 및 소각체계의 규모, 기대 발전량과 인구별 예상되는 전력소비량 등을 연구할 필요성이 있다.

또한 에너지 자립 산촌마을의 구현을 통한 발전가능 모델개발이 필요한 실정이다.

5. 결론

우리나라는 원자력을 대체할 자원으로 풍력과 태양광에 주력하고 있다. 그러나 목질계 바이오메스 또한 친환경 에너지이나, 수집비용등으로 적극적 활용이 어려운 실정이다. 우리나라는 67%가 산지이며 산줄기로 마을이 집단적으로 형성되어 있는 특징이 있으며 벌기령에 도달하여 시급히 수확과 간벌이 이루어 져야한다. 그러나 정상적 임업활동에 의한 부산물을 산지에 방지 두고 있으며 특히 병해충 완전 방제를 위해 피해목을 수집하여도 높은 운반비용으로 자원화가 어려운 실정이다. 산촌단위의 바이오매스 수집단과 사회적기업의 활성화를 위해서는 임업폐잔재의 친환경적 소각시설과 소각에 따른 에너지를 활용하는 방안이 필요하다 하겠다.

〈인용문헌〉

- 이군택. 2011. 가축전염병에 의한 살처분 가축 처리 방법. 한국환경농학회 워크샵자료, 2011(1) : 61-80

- 윤하정, 이지영, 유치호, 김종혁, 문운경, 박지용, 남건욱, 서정향, 이해춘, 김태종, 이상진. 2009. 브루셀라병 감염소 사체처리 방법별 절차 및 소요비용 비교: 매몰, 재활용, 소각. Korean Journal of Veterinary Research(구 대한수의학회지), 49(2) : 141-147

- 산림기술연구소. 2017. 소나무재선충병 방제 품질 향상 및 효과성 강화 방안 연구. 국회예산정책처. pp. 247.

- 산림청. 2017. 소나무재선충병 방제지침. 산림청. pp. 232.

- 김동영, 최민애, 한용희, 박성규. 2016. 농업잔재물 노천소각에 의한 대기오렴물질 배출량 산출에 관한 연구. 한국대기환경학회지, 32(2) : 167-175

- UNEP(United Nations Environment Programme). 2009. Converting waste agricultural biomass into a resource, Compendium of Technologies.

- 제주시, 재선충방제에 대형 목재파쇄기 투입. 연합뉴스. 2013년 11월 13일, 인터넷 개제(http://www.yonhapnews.co.kr/bulletin/2013/11/13/0200000000AKR20131113183600056.HTML?input=1179m)

- 문호성, 조구현, 박상준. 2015. 산림바이오매스 이용을 위한 산림작업 공정 및 비용 분석(2) -작업비용 분석-. 한국임학회지, 104(2) : 230-238

- 문호성. 2014. 산림바이오매스 이용을 위한 산림작업 공정 및 비용 분석. 경북대학교 대학원 석사학위논문. pp. 87.

- http://www.htrdkorea.com/ORC.pdf

제4장 산림기술의 생각

Forest,technology-industry

INSIDE

03_

일본 차세대 산림산업전을 보다

※ 이 글은 2019년 산림공학회 이준우[1], 임재은[2], 정규원이 산림산업전을 견학하고 결과보고서를 바탕으로 작성함

2019년 한일 관계가 극도로 나빠지기 시작한 즈음인 8월 1일~3일 일본 나가노현 나가노시 BIG HAT과 若里(와카사토) HALL에서 개최된 차세대삼림산업전 2019(FORESTRISE 2019)에 3일 동안 참가하였다. 두 곳의 건물 약 10여 개의 세미나실에서 발표와 토론 중심의 세미나가 주를 이루었고, 바깥 마당에서는 최첨단 임업기계 중심의 전시와 시연이, 그리고 건물 안 전시장에서는 목질계 바이오매스의 산업화 사례와 ICT를 활용한 스마트 임업의 사례 위주로 전시와 시연이 이루어 졌다.

〈 산업전 안내소 〉

1) 이준우 : 충남대학교 교수

2) 임재은 : 찬동산림기술사사무소 대표

〈 산업전 실외 전시장 〉

〈 산업전 실내 전시장 〉

너무나 많은 세미나가 이루어졌기 때문에 필자들이 일일이 다 듣거나 자료를 구할 수는 없었고, 어떤 세미나의 경우에는 사전에 신청자가 너무 많아서 참석이 불가능한 경우도 있었다. 또 어떤 세미나의 경우에는 일반인을 대상으로 한 듯한 임업 기초지식 위주로 진행되었던 반면, 어떤 세미나의 경우에는 우리가 미쳐 생각하지 못했던 첨단기술이 임업에까지 응용되고 있음을 느낄 수 있는 전문기술, 정책을 다루었다.

이번 차세대삼림산업전에서 논의되었던 내용을 크게 나누어 보면 일본 임업의 미래에 대한 담론, 바이오매스 에너지, 스마트 임업, 기타 등으로 대별할 수 있을 것 같다.

〈 산림작업자의 첨단 작업복 〉

먼저 눈여겨 볼 것은 "산림산업화"를 위한 전람회란 것이다. 일본 임업의 미래에 대한 여러 가지 논의들은 농림수산성 사무차관과 임야청 장관, 그리고 나가노현 지사가 패널리스트로 나온 '일본의 산림산업이 맡아야 하는 지역사회 구축과 국제공헌'과 '일본 농림산업의 미래와 지역의 역할'에 많은 사람이 몰렸으며, 정부 차원에서 많은 고민들을 하고 있음이 느껴졌다.
그에 반해 민간에서는 '임업에 절망하는 이유, 희망을 내보는 이유', '미래의 임업 비젼', '임업 발전에 현장 리더가 필요하다', '삼림미래회의 in 나가노', '30년~50년 후의 숲을 생각한다' 등의 내용으로 세미나가 이루어졌다. 특히 임업에 절망하는 이유, 희망을 내보는 이유'를 주관한 田中淳夫(다나카 아츠오)씨는 시즈오카대학 임학부를 졸업한 저널리스트로 임업과 산림에 대한 다수의 저서를 출판한 바 있으며, 이 세미나를 계기로 '절망의 임업'이라는 책(그림 참조)을 최근에 출간하였다. 이 책은 절망의 임업, 실망의 임업, 희망의 임업이라는 세부분으로 나누어져 있는데, 우리의 사정과 유사한 점이 많아서 한번 일독을 권하고 싶다. 또한 '삼림미래회의 in 나가노'도 책(그림 참조)으로 한달여전에 출간된 내용을 중심으로 세미나가 이루어져, 이러한 자리에서 논의되는 것들이 바로바로 책 출간과 연결되는 점은 부러운 점이라 생각되었다.

〈 판매중인 책자 〉

한편, 14명의 패널리스트가 참여한 '임업과 임산업 간의 대화'도 우리의 경우와 마찬가지로 임업과 임산업 간의 소통이 부족하였음을 반증하는 내용으로 모두가 힘을 합처 산림산업화를 위해 노력해야 한다는 것을 직감했다.

다음으로 바이오매스 에너지와 관련된 세미나, 각종 전시 및 실연은 '세계사적인 에너지 대변혁과 지역의 역할', '바이오매스 에너지로 지역 산림에서의 산업혁명', '지산지소(地産地消)형 목질 바이오매스 에너지 사업', '소형 목질 바이오매스 열전(熱電)공급 플랜트'등 십수년간 관심을 보여왔던 주제를 중심으로 이루어졌고, 또한 최근 세계적인 붐이 일어나고 있는 목조건축에 대한 최신 기술 등이 소개되었다. 바이오매스 에너지의 대규모 생산이나 이용이 아니라 중소 규모로 그 지역에서 생산해서 그 지역에서 소비하는 형태의 다양한 기계장비와 여러 가지 사례들이 소개되었으며, 다양한 방면으로 산림산업비즈니스로 활용할 수 있음을 증명하는 계기라 생각되었다. 나아가서 바이오매스를 이용하여 숲에서 산업혁명에 버금가는 에너지 자립을 이룩하고자 하는 거창한 자부심을 임업인에게 부여하는 자리로 느껴졌다.

〈 소형 헬기 〉

그 다음으로 '스마트 임업'부분은 필자들이 상당한 관심을 가지고 지켜보았던 내용이다. '스마트 임업'은 노동인구가 감소할 것으로 예상되어 임업에서도

ICT 기술을 활용하여 1인당 생산성도 높이고 고용의 안정화, 노동안전의 확보, 산림정보의 고도화 및 공유화 등을 추구하는 임업을 이르는 용어이다.

이번 전시회에서 선보인 내용은 지자체나 사유림에서 실제로 적용해 보았던 것을 중심으로 다양한 발표가 있었고, 토론이 이루어졌다. 대략적인 내용을 살펴보면, 'ICT 스마트 정밀임업 보고회-스마트 임업은 성장엔진이 될 수 있을까?', '현장에 필요한 ICT 정보', 'AI에 의한 숲의 Digital Twin', '숲 속에서 숲을 보는 지상형 레이저 스캐너의 장점'등의 주제로 발표되었다.

〈 정책 강의장 전경 〉

실제로 임업 현장에서 요구되거나 해결을 도모하는 기술 중에서 이번에 나왔던 내용을 나열해 보면 다음과 같다.

먼저 임지경계를 명확화를 위한 정책 시행이다. 이 것은 간단하게 지형이나 산림자원량을 파악, 소유자에 대한 시업제안, 효율적이고 안전한 노망 계획, 원목생산 현장 관리, 작업자의 노동상황이나 생산성 관리, 최적인 벌채로 반출재의 가치 상승, 반출재 검척을 효율화, 지존작업의 경감화, 인증된 목재의 정확한 유통, 묘목 생산비용 절감, 컨테이너묘 운반의 경감, 작업의 안전성 향상 등 실로 다양한 방면에 ICT 기술을 이용하기 위한 정책이다. 이를 통해 생산성 향상은 물론이고 젊은 임업인을 확보하기 위한 핵심기술이라고 느끼는 것 같았다. 이 모든것은 산루를 모우고 경영 단위를 규모화 해야 한다는것을 전제하고 있어 법을 만들어 대응하고 있는 것이다. 일본도 사유림을 경영단위로 묶는 작업에 모든 역량을 모우고 있는 것이다. 특히 나가노 지역은 '삼림현에서 임업현으로'라는 슬로건을 만들 정도로 적극적인데, 스마트 정밀임업 분야에서 대학과 지자체, 회사가 컨소시엄을 만들어서 현장 레벨에서 ICT 활용을 추진하므로써'나가노 모델'이라는 신조어를 만들 정도로 일본에서 앞선 곳이라는 인상을 받았다.

요즘과 같은 디지털 혁명시대에 산림사업에 의한 새로운 시장의 창출이라는 목표로 우리나라에서도 스마트 정밀임업 활성화를 위해 현장 적용형 ICT기술의 개발이 필요한 시점이 아닐끼 하는 생각이 들었다. 또한 실효성도 검증해 볼 필요성을 느낀다. 일본은 모든 기본제도가 도입되어 있고, 우리는 현재 아무것도 준비된게 없으니 말이다.

제4장

산림기술의 생각

Forest,technology-industry

04_

임업전용임도와 재해관리기술이 중요하다.

【일본의 임업전용도도입】

일본 농림수산성은 2009년 12월 25일에 금후 10년간을 목표로 노망의 정비, 산림시업의 집약화 및 필요한 인재육성을 중심축으로 하여, 효율적 · 안정적인 임업경영의 기반 만들기를 진행함과 함께, 목재의 안정공급과 이용에 필요한 체제를 구축하는 목적으로 임업전용도로를 도입하였다.

계속적인 간선임도 정책은 목재생산의 집중관리지역으로의 접근이 어려워 목재생산의 경제성의 확보가 어렵고 또한 지속적인 고비용 임도개설의 예산지원의 어려움과 국내 임목축적의 증가에 따른 간벌의 시급성에 기인한 것이다.

국내외적 여건상 저비용 고효율의 임도개설의 시급성이 요구되었으며 저비용 및 산지훼손을 최소화하는 방안의 산지의 작업장개발의 체계성을 확보하어야 하는 절박함에 기인되었다 할 수 있으며 우리나라도 소형임도, 작업임도등의 도입과 무관하지 않다.

【임업전용도 개념】

임업전용도는 간선 임도를 보완하고, 산림작업도와 조합하여 간벌작업을 비롯한 산림시업의 용도로 제공되는 도로를 말하며, 보통자동차(10톤 정도의 트럭) 및 대형바퀴식 포워더의 운송능력에 따른 규격 · 구조를 갖는 것을 말한다. 임업전용도로의 위치는 다음과 같다. 기간임도 〉 임업전용도 〉 작업도 〉 작업로로 구분되며 임업전용도는 기간임도에 접속하며 작업도에도 접속하여 산물을 임내에서 기간임도까지 수송하는 역할을 한다.

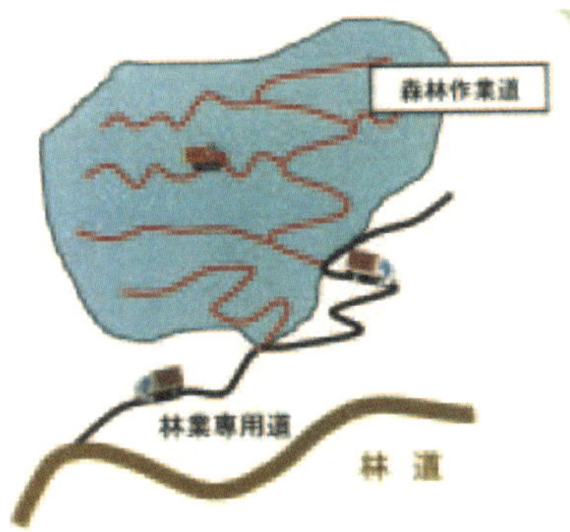

〈 일본의 임업전용도의 개념과 전경 〉

또한, 개설에 있어서는 지형 · 지질의 면에서 충분한 검토를 행하여 규격 · 구조의 간소화를 추구하며, 평균경사 25°에서 30°정도 이하의 산지사면에 개설하는 것을 기본으로 가능한 지형에 순응하여 계획하고 그 이상의 횡단경사에서는 가선을 설치하거나 경영을 유보하게 된다.

【일본임업전용도와 우리나라 작업임도】

우리나라도 목재생산의 대내외적 상황도 일본과 다르지 않아 간선임도의 규격보다 노폭, 구조물의 최소화, 간선임도와 작업도의 중간개념인 소형임도를 2009년 산림관리기반시설로 도입 되었다. 그후 소형임도의 목적이 목재생산전용도로임을 감안하여 작업임도로 개칭되어 지금까지 오고 있으며, 당초 작업임도의 구조, 개설 취지상 구조물과 단비가 부족하여 재해등의 문제점을 안고 있는 것이 현실이다.

우리나라 작업임도는 시설대상지의 지형경사와 작업장관리시스템에 필요한 임내 임업기계의 통행을 고려하여 효율성과 안전성을 확보하는 2.5~3m,

〈 우리나라 작업임도의 개념도 〉

〈 작업임도와 작업도의 접속 전경 〉

최소곡반경 10m, 작업장의 설치등이다. 평면선형은 지형에 순응하는 등고선 방향으로 간선 및 작업도에 접속이 원칙이며, 종단선형은 지형 등을 고려하여 절 · 성토량을 최소화하고, 노면배수를 고려하여 파도형 선형을 기본으로 한다. 이러한 작업임도는 산림시업 및 관리에 직결되는 길이며, '저렴하고, 훼손이 적으며, 내구성 있는 도로'로서 중 · 장기적으로 차세대의 지속적 산림경영의 기초가 되도록 하였다.

결국 우리나라의 작업임도와 일본의 임업전용도의 개념과 구조등이 유사하다고 할 수 있으며 임도개설의 비용을 최소화하고 목재생산의 경제성확보를 주안점을 둔 임업전용도로라 할 수 있다.

그러나 2013년도 집중호우에 의한 작업임도의 피해가 많았는데 무측구임도, 배수관의 미설치, 노면의 외향경사등에서 재해취약점이 있는 것으로 분석되어 보완되어 시공되고 있다.

【일본임업전용도의 이용사례】

일본의 임업전용도에서는 타워야드에 윈치를 접속하여 작업장을 이용하여 전간재를 수집하고 작업장내에서 조재하여 임내차를 이용한 기간임도까지 목재이송을 담담 하고 있었다. 전간재를 임도의 성토면에 윈치로 상향집재하여 프로세스로 조재하여 임내차를 이용하는 현장을 답사 하였다.

〈 성토부 집재와 임내차 〉

또한 임업전용도에서 작업도를 접속연결하여 수고를 감안한 집재거리를 확보하는 작업장개발을 하고 있었다.

〈 임업전용도 전간재두집 〉

【일본임업전용도의 작업장의 크기 분석】

일본임업전용도의 작업장은 산등부분과 횡단이 40%이하의 완만한 대상지를 이용하여 수집기계의 설치, 산물의 정리, 조재, 간이집재장, 차량돌림곳등의 용도로 사용하고 있었다. 또한 성토면에 임시 토적을 야적하여 사용공간을 최대한 활용하고 있었다.

작업장의 크기는 가로 20m 노폭7~8m 정도로 150㎡정도로 소규모 였으나 작업장의 간격은 300m정도였다. 우리나라의 경우 작업임도내 작업장의 크기를 20×30m 600㎡로 권장하고 있어 작업장의 크기는 적용기계의 조합, 간선 및 지방도까지의 거리, 일일생산량등을 고려하여 현실에 적합하도록 하여야 할 것이다.

〈 현장 조재 작업 〉

〈 현장 작업시스템 〉

〈 임시작업장을 이용한 집재 〉

〈 작업장의 전경 〉

【일본기간임도에서 본 재해안전 구조물의 사례분석】

일본의 임도를 견학하면서 자연석 및 임도개설시 발생하는 파쇄석을 이용한 돌쌓기는 거의 보지 못했다. 돌쌓기 기능인력이 급속도로 사라져 간 결과로 해석되며 비용을 줄이기위한 토목용 기성품 구조물의 시공지가 거의 대다수를 차지하였다. 우리나라도 파쇄석구입, 운반의 예산과 경관을 고려하면 구조물의 기성품사용이 필요한 실정이다.

먼저 배수구조물의 검토하면 배수관은 PE관의 매설 각도를 원지반에 두지 않고 하류피해와 관매설 재료비를 최소화하기 위함으로 사료되며 배출구의 물

방석을 설치하는경우가 많았다. 유럽이나 미국, 캐나다와 비슷한 경우라고 사료된다. 또한 노면과 사면의 유수은 콘크리트측구, L형측구와 집수정을 조합하여 배수하였다. 우리나라도 관구조물 매설지에 많은량의 성토와 매설 후 관리

〈각종 배수 콘크리트 기성품〉

측면을 고려하여 위와같은 공법을 검토해야 한다. 집수정에 집수된 유수는 스틸그레이팅수로를 통하여 성토사면에 사면콘크리트수로를 이용하여 배수하는 것을 원칙으로 하였다.

두번째로 성토면 흙막이 시설을 검토하면, 성토사면의 구조물은 최소화하는 것을 원칙으로하며 부득히 성토사면의 흙막이를 설치시 3m이하에는 기성품 콘크리트제품을 사용하여 구조물 설치후 성토를 하고 다짐하는 공법을 사용하였다. 성토고가 3m 이상의 경우는 작업도에의한 기초 터파기를 실시하고 노면과 흙막이 구조물의 천단이 일치토록하여 구조물의 안정성(토압최소화)과 재료사용

의 경제성을 확보하는 공법을 적용한 것이다.

〈 작업도 개선 후 흙막이 설치와 콘크리트 기성품 흙막이 〉

【일본기간임도 임도구조물과 사방공작물의 복합연결설치사례】

일본의 경우에도 임도와 사방사업을 연계하여 시공하고 있었는데 절토부의 경우 낙석방지 및 계곡부 부토고정용 편책, 돌흙막이등을 설치하고 성토부에는 흙막이, 기슭막이, 편책등을 이용하여 노체 및 배수관을 보호하는 공작물의 배치가 보편화된 공법이였다. 특히 유입구쪽은 유로의 확보 및 토석류 유입을 방지하는 돌 공작물을 설치한 것이 2차 재해를 예방하는 차원에서 세밀한 시공이였다.

〈 임도의 사방공작물 시공 전경 〉

【시사점】

첫째로 성토구조물의 최소화이다. 우리의 작업임도는 성토부 큰돌쌓기가 너무 많이 시공되고 있어 재해에 취약하다. 유용토 운반등을 사업에 반영하고 부득히 시공해야 한다면 토질과 노면 배수를 감안한 안정기초위에 해야 할 것이다. 또한 최대한 성토구조물을 최소화 하는 계획고의 선정이 중요하다.

둘째로 성토구조물의 노체에 가깝게 설치하여 지지력과 누수를 방지 한다는 것이다. 안정된 지반에 설치, 구조물의 크기 최소화, 구조물설치 후 노체 개설하고 노체의 토압을 최소화하여 경제성 및 유지관리의 시공의 용이성을 확보하자는 것이다.

셋째로 성토구조물 설치를 위한 작업도개설과 원지반 터파기 및 다짐을 확실히 해야 한다.

대단위 계곡부 성토지역은 흙막이시설을 위한 작업도를 설치를 설계에 반영하여 개설하고, 작업도 개설 터파기후 구조물설치와 노체의 성토 및 다짐을 병행하여 작업을 실시 하도록 해야 한다. 계곡부의 배수관은 설치후 노체의 성토를 하도록 유도하고, 노체의 토압을 최소화하여 경제성 및 유지관리의 용이성을 확보하도록 해야한다. 또한 우리나라에서도 대단위 성토지의 표토의 제거, 작업도개설경비 및 다짐의 비용을 설계에 반영함이 타당하고, 다짐의 반영은 성토높이 1m마다 진동롤러를 이용한 4회다짐을 설계에 반영해야 하다는 것이다. 성토부의 구조물을 하기위해서는 충분한 예산과 공기를 확보해야 하며 설계와 감리의 역할이 중대 하다 할 것이다.

마지막으로 공장에서 제작한 콘크리트 구조물의 활용을 활성화 해야 한다. 외국 출장때 마다 연수단에서 한국에 돌아가면 임도현장에서 공작물 설치에 따른 터파기의 과다시공, 부실시공을 막고 사업비의 절약을 위해 구조물의 기성품 제작을 도입하자고 하였다. 그러나 아직 미흡하고 정책적으로 기술개발의 중요성을 인지 못하고 있는게 사실이다. 심지어 기술개발 RND에서도 번번히

퇴짜를 맞았다. 최근 임도 사업지의 환경관리 기준이 강화되어 생태, 경관시공을 위해서라도 기성품의 시공이 필요하다.

기성품의 구조물은 3m이하의 많은 토압을 받지 않은 곳의 옹벽, 측구, 집수정 등 다양하고 흙막이의 경우 묘지, 전답등을 통과 할 때 아주 유용하게 사용될것으로 판단된다. 이 기성품은 공기를 단축하며, 숙련된 기술자와 기능공이 필요 없으며 현장의 돌 채취 불가지역에서 용이할것으로 사료되어 시급히 도입이 필요하다.

울릉도 저동 저수 사방댐과 안정된 계류보전 사업지 (2021)

제4장

산림기술의 생각

Forest,technology-industry

INSIDE

05_

산지이용규제개혁과 산촌의 활성화를 기대한다.

2016년 5월 대통령이 주재하는 규제개혁 장관회의가 개최되었다. 이 자리에서 농림축산식품부와 산림청은 다양한 산지규제 개선방안을 대통령께 보고하였다. 여기에는 보전산지 내에 민간사업자가 단독으로 케이블카를 시설할 수 있도록 하는 것을 비롯하여, 기업경영림이나 국유림 경제림단지에 풍력발전시설 허용, 국유림을 대부할 수 있는 대상에 캠핑장을 포함하는 등의 내용이 담겨있었다.

먼저 보전산지에서 케이블카를 시설하려는 경우 지금까지는 국가나 지방자치단체가 참여해야만 가능했지만 민간기업이 단독으로도 시설할 수 있도록 한다는 내용이다. 케이블카 시설은 국립공원 지리산, 설악산 등에서 이슈화되기도 하였지만, 산양 등 멸종위기종의 대책, 시설 안전대책, 수익금의 환경보전기금조성, 사후관리 모니터링 약속 등으로 문제점에 대한 해결점을 찾아가면서 설치 허용에 대한 당위성과 명분을 갖추어가고 있어 이번 규제개선은 시기적으로 적절하다고 판단된다. 케이블카 시설규제 개선은 강원도 등 산림이 많은 자치단체가 산악관광 인프라를 구축하는데 도움이 될 것이 분명해 보인다. 또한 등산객에 의한 등산로변의 답압피해와 주변의 생태계 훼손을 방지하는 긍정적인 효과가 있으며, 무엇보다 숲과 자연경관을 장애인, 노약자 등 사회적 약자에게도 공평하게 관광할 수 있는 기회를 준다는데 의미가 있다.

풍력발전시설은 정부가 주도한 사업이나, 입지가 부족하여 산업이 전반적으로 어려움을 겪고 있었다. 풍력발전은 특성상 산지를 이용할 수밖에 없다. 산림청이 2014년 풍력발전을 위한 산지이용 규제를 대폭 완화하여 풍력업체는 재도약의 계기를 맞는 듯하였으나, 실제 풍력시설 입지를 찾는 것은 쉽지 않았다. 기업경영림은 우리임업의 핵심거점이 되는 숲으로 전국적으로 65개소 56,247ha가 있다. 그러나 이 핵심거점의 숲은 산업구조의 변화와 국제목재시장에서의 가격하락 등의 영향으로 그 위상이 낮아지고 있는 가운데 풍력발전의 입지로 부각되고 있는 것이다. 또한 국유림 경제림단지의 경우는 중장기 목재생산을 목적으로 하고 있지만 풍력입지로 적합한 곳이 많아 풍력단체로부터 사용할 수 있도록 요청이 많았다. 이번 규제개선은 기업경영림이나 국유림 경제림단지의 지형적, 지리적 입지 특성을 이용하여 민간투자 이끌어내고 임지내 도로망 등의 기반시설을 확충하는 기회가 될 수 있을 것으로 보인다.

〈 라오스 트리하우스와 젊은 일자리를 통한 산촌활성화 〉

소득수준 향상에 따라 산림내 캠핑 수요가 지속적으로 증가하고 있다. 아마도 산림의 경관과 다양한 숲의 생태계 속에서 자연을 누리고 싶을 것이다. 우리의 숲은 평균 임령이 40년, 일부 산림지역은 60년 정도가 되어, 별다른 훼손이나 시설을 하지 않고도 그 자체로 좋은 휴양자원이 된다고 판단된다. 특히 국유림지역은 숲이 잘 관리되었기 때문에 캠핑장을 조성하기에 최적의 조건을 갖추고 있다. 국유림에서 민간이 숲속야영장을 허가 받을 수 있다는 것은 늘어나고 있는 캠핑수요를 충족할 수 있다는 면에서 의미가 있는 조치로 보인다. 캠핑장에서 화재 등으로 인한 사고가 종종 보도되고 있으나, 국유림에서 캠핑장을 시설하여 체계적으로 관리한다면 안전한 캠핑장의 모델이 될 수 있을 것이다. 이것은 결국 새로운 산지이용 방안이 될 것이며 산촌주민의 소득 증대에도 기여할 수 있을 것이다. 또한 산촌에 젊은 양질의 일자리가 만들어 질 것이다.

〈 영덕 풍력발전과 휴양시설 〉

산촌은 급속한 노령화를 겪고 있으며 임업노동력의 부재 등으로 전통적 임업에 의존하여서는 산촌경제 활성화가 어렵다. 이번 산지규제 개혁을 계기로 임업경영 범위와 임업전문기술 분야를 전통적 목재생산을 기본으로 산악관광, 휴양 등으로 그 범주를 확대할 필요가 있다고 본다. 우리 임업에 관심이 있는 많은 국민들이 숲에서 희망을 찾을 수 있어야 하고, 그들이 성공적으로 자리

잡을 때 우리 산촌경제가 다시 살아날 수 있을 것이다. 산림기술자로서 역할을 기대하며 창의적인 기술접목에 최선을 다해야 한다고 생각한다. 산림기술자는 산지규제 개혁에 의해 산림응용기술인 산악관광에도, 산림소득, 힐링 산업에도 전문가가 되어야 한다. 왜냐하면 산림기술자는 산지를 디자인 할 수 있는 사람이고 임업의 모든 분야를 교육할 수 있는 사람이기 때문이다. 이번 규제 개선이 산촌경제 활성화의 계기가 되면서 동시에 산지재해에 안전하고 산림생태계의 훼손이 없는 방향으로 행정력과 임업전문기술이 투입되기를 기대해 본다.

라오스 트리하우스 현장 안내원의 밝은 모습. 여기서 라오스 산촌의 밝은 미래를 보다 .(2020)

제4장

산림기술의 생각

Forest,technology-industry

INSIDE

06_

산림경영을 위해 소나무재선충병은 반드시 관리되어야 한다.

소나무재선충병은 1988년 부산금정산 일원에서 첫피해가 발생하여 2020년 1월 기준으로 116개 시군구에서 피해가 발생하였다.2005년 소나무재선충병특별법을 제정하여 관리한 결과 피해목은 줄고 있으나 반출금지구역은 196만ha로 면적은 확대되고 있는 추세이다.

그런데 반출금지구역은 임업인들에게는 무서운 구역이다. 거의 모든 경영활동이 어렵다는 것이다. 벌채, 숲꾸기사업이 원천적으로 안되기 때문에 소득사업도 불가 하다. 최근 탄소중립 2050계획에서도 벌채를 수반하는 모든 행위가 환경단체의 문제 제기로 어려워 임산업자체가 중단된 싱태이다. 그러나 소나무재선충병에 의한 경영의 어려움이 더 심각하다. 전국의 산림의 30% 정도가 반출금지구역이며 반출금지구역의 특성상 실제 산림경영 대상지와 중복성이 높다는 것이다. 재선충병은 해발고가 높고 활엽수에는 감염되지 않기 때문이다.

소나무재선충병은 즉시 완전박멸 할 수 없는 병이다. 방제정책도 완전박멸에서 관리로 바뀌었다. 방제하는 동안 할 수 있는 활동은 방제목을 파쇄하여 바이오매스로 활용하거나 대량훈증을 통해서 목재를 사용할 수 밖에 없는 실정이다. 그러나 현실적으로 피해목의 생산 효율성이 떨어지고 수집기술 또한 한정적이다. 그래서 소나무재선충병의 방제와 임업활동을 병행 할 수 있는 방안이 필요하다.

첫째로 국가선단지구역 및 중 · 소규모 집중관리구역의 기본계획 수립이 필요하다.

국가선단지구역은 설정된 집중관리 구역으로 피해확산을 저지하기 위한 구역이며, 국가선단지에서부터 피해지 방향으로 점차 그 선을 축소시켜야 한다. 그래서 임업활동 지역이 넓어질 수 있다. 특히 중 · 소규모 집중관리구역은 1개~5개 정도의 독립 혹은 광역단위로 설정되어 있는데 단순히 피해지에 대한 방제전략 · 기본계획과 달리 집중관리구역에 맞는 기본계획을 수립하여 관리하어야 한다. 피해가 집중되는곳의 방제에서 외곽에서 임업적 활동을 하면서 확산을 방지 하자는 것이다.

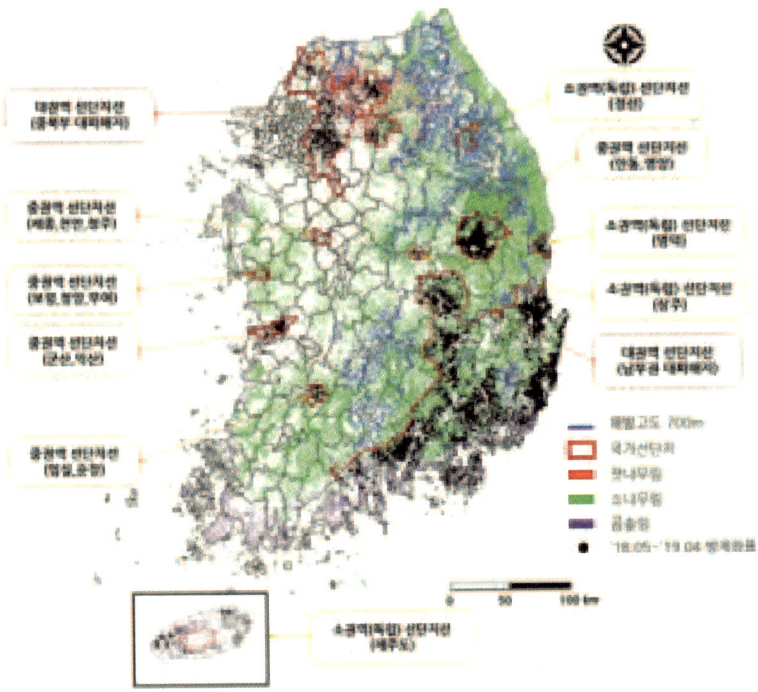

〈 2019년도 전국방제전략연구의 권역방제도 〉

둘째로 선단지의 방제 비용절감 방제기술과 정밀한 선단지의 확정이 필요하다.

선단지 관리는 극심지에 비해 소홀히 하지 않아야 하며 이를 위해서는 많은 예산이 소요된다. 선단지는 매년 피해현황 및 방제현황에 따라 변하며 매년 정확한 선단지를 구획하여 새로운 방제계획 수립 및 방제시행을 실시해야 임업적 활동의 범위가 넓어질 것이다. 또한 새로 결정된 선단지의 규모에 따라 방제와 예방을 위한 비용 또한 달라지게 되는데 이를 위해 보다 정확한 선단구역 결정 기술이 개발되어 보급되어야 할거이다. 또한 선단지를 최대한 좁힐 수 있는 감염목조사와 관리 제도의 개선이 필요 하다.

세째로 효율적 방제를 위한 지자체의 기본계획 수립이 중요하다.

아직까지도 기본계획을 수립하지 않고 방제를 실행하는 지자체가 많다. 기본계획의 수립 없이 임업활동은 불가하다. 피해실태, 확산방향, 방제 예산, 방제목의 활용, 인력 등의 계획이 어렵기 때문이다. 지난 몇 년간 기본계획을 수립하고 계획적 방세를 실행한 곳과 아닌 곳의 방제 효율성은 확연히 차이가 나는 결과를 나타내었다. 특히 소나무재선충의 담당자의 잦은 변경과 지자체의 장의 관심으로 방제가 좌우 되면 안되기에 더욱 중요하다.

넷째로 반출금지구역의 피해등급 기준 변경을 통한 등급 재분류가 필요하다.

현행 반출금지구역 피해등급은 극심, 심, 중, 경, 경미 5등급으로 분류고 있으나 실제 피해정도를 감안하지 않아 피해가 매우 경미한 지역도 극심 또는 심 지역으로 분류되는 문제가 있고 결국 산주는 경영을 포기하고 마는 경우가 생긴다. 이에 경미 지역 및 극심지 관리의 효율성을 제고하기 위해 기존의 등급별 분류가 아닌 반출금지 구역별 방제본수에 의한 분류방법을 제안하고자 한다. 반출금지구역을 현행 분류 기준인 극심, 심, 중, 경, 경미 5개 등급이 아닌 ha당 방제본수를 기준으로 재분류해보면 실제 피해 집중도를 구분할 수 있으며 현행 등급분류와의 차이를 알 수 있다.

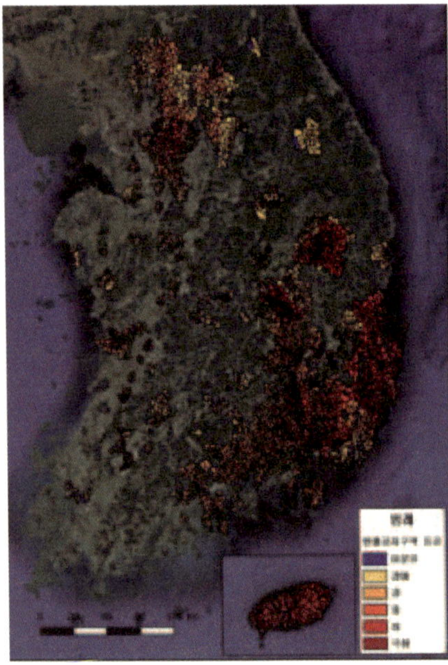

〈 반출금지구역 등급(현행 분류) 반출금지구역 ha당 방제본수(2018년 기준) 〉

산림경영을 위한 등급의 재분류는 각각의 반출금지구역을 경, 중, 심, 극심 4단계로 구분하면 재선충지역의 방제방법을 달리 할 수 있다. 향후 소나무재선충병 방제는 실제 피해정도를 반영한 새로운 등급분류를 통해 경미 지역 및 극심지를 확연히 구분함으로써 별도의 관리기준 마련, 관리 우선순위 설정, 예산 반영 등을 보다 정밀하게 적용할 수 있으므로 새로운 임업적 활동의 여지가 생길 것이다.

이제 재선충병의 감염특성은 널리 알려져 있으므로 무조건적으로 안된다에서 적극적으로 하면된다 극복하면 된다는 정책방향을 유도 할 필요가 있다는 것이다. 예로 1단계에서는 일정기간 동안 감염목 조사후 벌목을 허가 하거나 숲가꾸기를 할 수 있도록 해야 한다는 것이다. 반출금지구역에서도 방제계획서 수립을 하면 산지전용을 해주는것과 같이 말이다. 산림경영 활동도 마찬가지로 가능토록 해주어야 한다.

마지막으로 방제성공지 개념 도입과 경영활동을 활용한 방제를 해야한다.

필자는 방제성공지를 방제활동 3년동안 피해목의 발생이 반출금지구역내 ha당 2본 이하로 발생한 지역으로, 도급사업이 어렵고 지속적인 임분의 상태 및 발생상황을 정밀하게 조사가 필요한 지역으로 정의 하고 싶다. 분석한 결과를 보면 전국에 대부분의 재선충지역이 이제 방제성공지인 것이다. 이 지역은 주변의 피해상황 및 인자을 고려하여 벌채목의 선목, 규모 등을 감안한 방제를 해야 한다는 것이다.

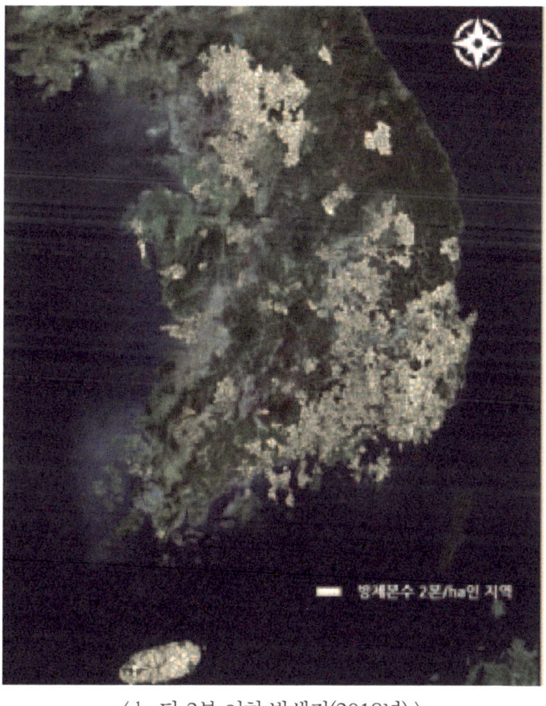

〈 ha당 2본 이하 발생지(2018년) 〉

방제성공지는 기존 방제 지역보다 본당 소요되는 예산은 200%~500% 더 소요되며 작업의 난이도 또한 증가한다. 이는 고사목 제거 및 임분의 건강성, 숲의 갱신, 경관의 회복, 작업도의 이용과 복원, 위생간벌, 소득사업 등을 포함하는 사업임으로 산주가 참여하는 방안이 검토 되어야 한다는 것이다. 결국 재선충방제 지역에서 산주의 경영이 가능해진다는 것이다. 이게 따른 관리방안과 품셈등의 연구가 필요하다는 것이다.

소나무 재선충병 현장기술 토론회 (2018. 금강산 부근)

제4장

산림기술의 생각

Forest,technology-industry

07_

제1회 산림기술인의날 행사를 기다린다.

2020년 9월 한국산림기술인회 2대 회장에 당선되었다. 선거공약집을 만들면서 반드시 임기중 해야 할 일들을 정리했는데 그중 산림기술인의 날을 만들고 처음으로 개최하는 것이였다. 일단 기술인의날을 개최할려면 기술법의 단체가 모두 참여해야 한다. 기술인회에 가입을 미루어온 마지막 협회인 원목생산자가 어렵게 합류하면서 2021년 기술인회 본 예산에 기술인회날 행사 사업비를 계상했다.

또 하나의 조건이 전국의 권역별 기술자들이 다 모여야 한다는 것이다. 산림사업법인, 기술사. 기능영림단, 엔지니어링회사, 녹지조경, 산림조합 원목생산자의 기술자들이 함께 참여하기 위해서는 시.도지회의 설립이 중요했다. 코로나 정국의 봄날을 충남도지회부터 전국을 다니며 설립을 완료했다. 이제 6개의 분회, 9개의 시.도지회가 만들어 진 것이다.

5.18일은 잊을 수 없다. 전국의 시.도지회장 임명과 간담회를 지리산 자락에서 개최하였다. 또한 직제규정을 개정하여 기술인회추진단도 설립했다. 이승담, 최종필 회장이 맡아 주었고 자금관리 담당은 류지현기술사가 전담하고 있다. 이렇게 기술인회 날 제정과 개최까지 갈 길이 참 멀고 험난했지만 순조롭게 진행되었다. 그리고 제1회 기술인회 날 개최는 모든게 완벽해 보였다. 그러나 기술인회 날 개최를 어렵게 하는 엄청난 변수가 생기고 말았다. 첫 번째는 5월에 환경단체의 벌채반대 논란이였고 또 하나는 예방접종으로 잠잠해 질것으로 본 코로나19 바이러스 였다. 벌채논란은 너무나 기술자와 업체에 중요한

사안이라 기술인회의 모든 여력을 집중할 수 밖에 없었고, 코로나 확산은 기술인회날 행사의 개최까지 불투명하게 만들었다.

환경단체로 인한 벌채논란은 산림분야 탄소중립정책의 핵심인 벌채를 하지 못하게 하는 일이라 우리 기술산업계의 경영을 더욱 어렵게 할 것을 예상하여 적극적으로 대응하기로 임원진 회의에서 결정하고 현장방문조사, 탄소흡수원에 대한 특강개설, 언론대응, 기고문 작성 등으로 대응하여 이제는 환경부, 산림청의 협의회가 구성되어 있어 결과를 기다리고 있는 중이다. 코로나19 바이러스는 예상과 달리 계속 확산되어 6차례 넘는 추진단 회의를 개최하고도 행사의 규모, 행사 세부 내용 등을 결정 못하고 있는 실정이다. 정말 안타가운 일이다. 그래도 추진단은 제1회 기술인회날 개최는 하는 것으로 준비중이다. 한번도 기술자들이 모여 목소리를 내고 기술을 뽐낼 기회가 없었기에 반드시 하겠다는 것이 추진단 회의의 결정 사안이다. 개최 일자는 산림기술법 시행일인 11월 28일, 장소는 대구. 경북지회에서 준비한 경북 영천시 운주산 자연휴양림으로 정 했다. 7월에는 행사기획 "안" 기본계획에 완성도었고 스로건 공모전도 개최하여 " 숲에서 상상하고, 숲에서 실현한다", "산림에 기술을 더하다", "미래를 가꾸는 기술, 산림기술인의 긍지"등 좋은 문구들이 모여졌다. 기술인회 행사를 주관하는 대구경북지회에 직원이 파견되었고 세부행사 계획도 마무리 단계이다.

제1회 기술인회 날 개최를 앞두고 목적, 방향, 추진방법, 프로그램등에 대하여 개인적인 생각을 정리해본다.

먼저 목적은 단순하다. "전국의 산림현장의 기술자들이 모여" 서로 어려움을 이야기하고, 위로하고 위로받고, 기술자가 조금만 더 우대받는 세상을 만들어보자는 미래를 꿈꾸자는 것이다.

산림기술법, 산림기술인회가 시행되고 만들어 졌지만 기술자와 업체를 위한 것은 분명 아니다. 당초 없었던 과도한 교육훈련, 자격과 업체등록의 부담, 간접적인 지원도 없다. 각 협회들의 활성화도 역행했다. 우리 업체와 산림기술자들은 매출과 소득감소로 경영악화와 이직을 심각하게 고려 하는 실정이다. 뭔가 돌파구를 찾아야 하는 시기 인 것이다. 현재의 방식의 산림정책의 기조에서 우리가 하는 용역업과 시공업은 전망이 어둡다.

산림분야 탄소중립정책의 벌채가 환경단체의 반대로 아직 세부실행 계획이 나오지 않았고 그 계획에는 산림기술산업 역할이 거의 없다. 또한 사업확대는 기대할 수 없는 상황이다. 코로나 정국에서 경기활성화를 위해 계획한 K–Forest 사업에도 기술자와 업체의 역할과 기술기반의 산업화 방안은 없다. 산림자원을 이용한 기술산업계의 활성활를 기대한 우리가 어리석었다. 기술자 없이 어떻게 사업을 할지 궁금도 하다.

또한 사업의 노임단가와 용역대가는 여전히 타분야에 종속되어 어려움을 더 하고 있다. 또한 직불제와 산주위탁경영이 늘고 산림조합등의 대리경영등으로 실제 우리 기술산업계의 역할이 축소가 우려되기 때문이다. 그래서 기술산업계의 역할과 수익처를 바꾸자는 것이다.

기술인회 날 추진방향은 외부의 간섭과 도움없이 오롯히 우리 기술자들이 모여 우리힘으로 행사를 하는것이다. 또한 지금까지 보여주지 못한 우리 산림기술과 숨어있어 인증 받지 못했지만 많이 사용하는 임업기계를 보여주자는 것이다. 기술자들이 계획을 수립하고 설계, 시공하는 전과정을 보여주면 더 좋겠다. 그리고 개최 지역의 산촌경제 살리기이다.

중요한 행사의 방침으로 각 권역별 지회의 활발한 참여와 이로 인한 지역기술자의 모임의 기회가 되었으면 한다. 이제 각 분회들이 협력해야만 살 수 있는 복합기술의 적용 시대이다. 마지막으로 코로나19의 대응시스템과 안전행사를 하자는 것이다. 일시 전국에 많은 기술자들이 모이고, 오랜만에 만나 소주도 한잔 할것이다. 많은 임업기계가 모입니다. 부디 안전한 행사가 되길 바란다.

프로그램은 크게 화합의장소를 열다. 기술인회날 선포식, 기술자의 바램과 결의 및 족구 대회, 산림기술과 정책 특강, 임업기계를 이용한 벌목과 바이오매스 수집시연, 지역문화 즐기기정도로 하면 어떨까 한다. 물론 현장에서는 각종 임업기술관련 기계, 장비, 공구의 전시를 통하여 스마트임업의 정보도 교환하면 좋겠다. 특히 기능인이 사용할 첨단 안전장구등의 전시와 시연도 하면 좋을 것 같다. 화합의 장소는 전날 야외에 지회별 부서를 설치하고 지역특산물과 음식을 나누어 먹으며 만남을 즐기고 장기자랑도 하면 좋겠다.

기술인회 날 선포식은 매년 11월 28일 기술자들의 모임 날로 선포하고 산림기술법에 추가로 정하도록 건의문을 작성하여 전달 하면 될 것이다.

또한 기술용역업, 시공업, 안전관리 및 점검, 공정관리, 환경관리등 일체의 기술과 관련업을 묶어 "기술산업" 개념을 도입하고 법제화를 요구해야 한다.

마지막으로 우리 기술산업계의 바램은 너무 많다. 기술자의 권익보호 방안, 지지부진한 각 협회의 활성화 방안으로 각증명서발급의 법제화, 시공업의 기술법 이관, 산림기술진흥계획의 시행, 산림기술종합센터의 건립, 산림사업의 자체 노임단가의 고시, 기술자교육제도의 현실화, 타당성평가와 기본계획의 시행주체, 산림경영의 주체로의 인정, 공정한 사업의 발주등등 너무나 많습니다. 그래도 가장 큰 바램은 우리 기술자를 인정해주는 정책의 방향 전환으로 보인다. 이 바램을 참여 기술자들이 공유하고 지속적으로 개선되길 감시하고 지켜보는 매의 눈을 같이 가지자는 것이다.

코로나19가 행사의 규모와 진행에 큰 장애물이다. 그러나 산림기술인회에서는 여러 변수를 생각하여 준비중이다. 그래도 앞으로 우리가 어떨게 나갈지 어떠한 장애물이 있는지? 같이 고민하는 자리가 되었으면 한다. 이 자리를 빌어 기술인회날 추진에 온갖 고생과 희생의 마음으로 임해주시는 두분의 추진단장이신 최종필 부회장과 이승담 감사님께 감사드린다 또한, 대구, 경북도지회장님, 일반사업 본부장님과 직원 여러분의 노고에 깊은 감동을 느낀다.

산림기술인의 날 현장기계 시연을 위한 토론회 (2021. 영천)

감사의 글

이 책이 나오기 까지 저와 같이 많은 분들이 산림기술을 지키고 발전시키기 위해 노력하고 절망했습니다. 조금만 하면 조금만 지나면, 좋아질것이라 생각했습니다. 이 책을 그 분들에게 한권 한권 전해 드리고 싶습니다. 또한 제가 모든 기술시장의 문제를 해결하지 못하기에 다음 후배 기술자들에게 저의 생각을 남기고 싶었습니다.

산림기술 시장의 어려움 앞에서 많은 분들과 같이 고민하고 아파했습니다. 새로운 것을 만들어 놓으면 이상한 방향으로 적용되고 개발자는 아무런 대가를 기대 할 수 없으며 제도화는 멀기만 하는, 산업을 위하여 많은 분들이 저와 같이 일하고 자기희생을 했습니다. 그리고 많은 분들이 너무 힘들어 저의 곁을 떠났습니다. 죄송하다는 말씀을 드립니다.

2005년「산림자원법」을 제정하기위하여 서울 여의도, 광화문을 쫓아다니면서 기술시장을 법제화 하는데 고생하신 허종춘, 임재은기술사님을 비롯하여 초창기 선배 기술사님 있습니다. 특히 그 두분은 산림기술사협의회 회장과 부회장으로 정말 희생을 하신분이다. 산림기술사협의회의 긴급상황에서 비상대책위의 운영위원장님을 맡았고 기술사협회를 만들고 사단법인으로 등록하여 기술사협회를 정상화 시켰습니다. 또한 2019년 산림기술법에 의해 설립한 산림기술인회 초대 회장과 부회장을 맡아 초창기 기술인회의 안착에 공헌 하셨습니다. 두분을 모시고 많은 외국 선진지를 다니며 산지복구,산림복원, 병해충방제, 벌채, 임도, 사방기술의 도입과 기술적용의 제도화에 공헌 하신 분들입니다.

임도, 사방사업을 민간기술시장으로 이전하는 과정에서 시범사업을 솔선수범하시고 제도를 보완하고 교본, 매뉴얼을 만드는 일에 혼신을 다하시고 교육에 전념하신 오점곤, 임재은기술사님 감사합니다. 특히 학계 이준우 교수님을 비롯한 산림공학회 교수님께서도 고생하셨습니다. 사방교본을 만들기 위해 부산해운대 우동에서 모였고, 최초의 산사태 언론대응을 위해 남원 산사태 현장에서 모인 임상준교수, 김민식 박사, 김석우박사, 류지현기술사도 너무 기억이 남습니다.

우면산 산사태가 발생하고 사방기술이 처참하게 무너질 위기에 우면산으로 모여주신 송동근, 김명환, 송재순, 임재은, 구기운, 오점곤기술사님 대단한 열정이였습니다. 여러분들이 우리 사방기술을 지켰고 산림보호법에 산사태를 법제화 했습니다. 서울 남산에 전통사방의 기술을 선보이고 대외 알린 안태원선배님, 서원교선배님도 최호식, 손진호후배님도 고생했습니다. 아직 남산은 그 이후 아무른 재해 없이 잘 견디고 있습니다. 분명 후배 산림기술자들의 배움의 장소가 될것입니다.

수목의 제도, 재선충방제 기술도입을 위해 많은 외국의 출장으로 결국 국가방제전략을 만들고 선단지 개념, 여러 방제 응용 기술을 법제화한 공로는 잊지 않습니다. 훈증방제방법에서 기계수집 기술을 설계에 반영할 수 있었던 것은 바로 현장 기술이였습니다. 피해지를 드론으로 촬영하고 피해면적과 본수를 산출한것도 몇 몇 기술사들의 노력이 있었습니다. 고생 하셨습니다.

소나무 재선충병을 직영방제에서 도급사업의 안정적 실행을 위해 노력하신 허종춘, 임재은, 엄대섭기술사님 정말 고생하셨습니다. 특히 제주의 극심한 소나무 재선충병 방제를 위해 기본설계, 실시설계와 감리 방법을 개발하고 품셈, 교본을 만드는 일과 다양한 방제방법을 만들어내신 임재은, 송동근, 구기운, 김명환, 허원무, 류성룡, 박승관, 박길동, 감성표, 윤성갑기술사님 당신들이 소나무 재선충병 방제 역사입니다.

가리왕산 활강경기장에서 가리왕산을 보전하기위해 남다른 열정과 최고의 산림기술을 발휘한 엄대섭, 송재순, 구기운, 이용국, 임재은, 이준기술사님 김성진, 정용성 후배 기술자와 기술사 사무실 직원 여러분들 모두 감사합니다. 고생했습니다. 눈 쌓인 가리왕산에서 주목, 전나무, 사스레나무를 살리기 위해 고생한 것을 누가 알련지요? 아마 여러분의 노력이 없었다면 가리왕산의 상봉은 없어졌을 것이고, 가리왕산의 지금은 더 참담 했을것입니다. 하봉 인가목을 옆에 두고 우리 모두가 찍은 단체 사진이 기억에 남습니다. 잊을 수 없는 살아있는 산림기술의 한 장면일 것 같습니다.

산림기술법을 만들기위해 초안을 만들고 국회를 다니시고 고생하신 이임영, 송동근, 허종춘회장님등 기술법의 하위법령을 만드는과정에서 엄청난 고난을 극복하신 오유미, 송동근, 임재은, 오점곤, 이용국, 허원무기술사님 고생하셨습니다. 지금 와서 생각하니 이 법을 왜 만들었는지 후회도 하시지요. 그래도 그 고생은 나중 후배들을 위한 작은 기초 하나 놓았다고 생각하면 편해질 것으로 생각합니다. 산림기술법이 탄생까지 성용호회장님, 이광일 회장님의 희생은 분명 우리 임업기술산업계에서 잊지 않을것입니다. 감사합니다.

몇 년간 백두대간과 민북의 훼손지를 조사하고 장병의 안전을 위해 어려운 길을 마다 하지 않고 먼길을 다니며 안전교육을 해주신 임재은 기술사님 고생했습니다. 그때 조사 자료가 북한지역의 훼손지 조사로 이어졌고 현 정부의 대북사업의 기초가 되었다는것에 아무도 이의를 제기 하지 않을 겁니다. 그 일에 항상 열의를 가지고 같이 해주신 서재철 전문위원님, 이용국, 박종삼, 구기운, 김도호, 유의근, 황창광기술사 감합니다. 또한 민북지역에 지속적인 관심으로 지금도 고생하시는 김민식박사, 송동근, 김명환, 신태규기술사님도 고생했습니다. 통일이 되면 언제 북한가서 들쭉주 한잔 제가 대접 하겠습니다.

산림복원사업의 처음부터 기술을 시연하고 품셈을 만들고 복원이 법제화 되기 까지 고생하신 분이 많습니다. 최근 산림복원협회를 만들고 복원사업추진단에서 활동하시는 박종민교수, 임상준, 이준우, 권태호교수님, 구기운, 송동근, 오점곤, 임주훈, 이용국, 오유미기술사님의 고생과 희생은 훗날 산림복원의 기반을 만드신 분으로 기억

할것입니다.

최근에도 저와 같은 생각으로 산림기술산업의 발전을 위해 고생하시는 분이 많습니다. 여기서 감사의 인사를 드립니다. 먼저 6개 단체의 협회장입니다. 이광일, 성용호, 박길동, 김태연, 최종필, 정월봉회장님 이십니다. 또한 자발적으로 산림기술인회에 봉사 하시는 분은 너무 많습니다. 일반본부장을 맡아 주시고 있는 정영복기술사님, 교육원장을 맡아주시는 오점곤 원장님, 운영위원장 허원무님, 기술지원센터 김명환님, 기술인회추진단 최종필회장님, 자금담당관 류지현님, 권익위원회 박광진이사님께 감사합니다. 제가 기술인회 회장의 임기를 마치면 막걸리와 파전으로 하루밤 모시겠습니다. 그 외 저랑 같이 현장에서 토론장에서 가르켜주시고 힘을 주신 많은 선배님과 교수님, 기술동료들, 기술인회 직원과 후배님들 감사합니다. 이렇게 어려워도 같이 갈 수 있어서 행복 합니다. 정말 행복합니다.

부 록

산림자원을 활용한 산림분야 뉴딜 사업이 필요하다.

『이 자료는 산림기술연구원에서 2021년도 대통령직속 국가균등발전위원회에서 지원하여 연구한 결과를 정리 한 것이다. 강원도, 경북, 제주, 경기등에 그린뉴딜의 시범사업을 제안하고 이 사업을 수행하기위한 특별법 제정을 제안했습니다. 많은 관심을 가져 주시길 바랍니다.』

산림자원을 활용한 산림분야뉴딜사업이 필요하다.
"특별법" 제정을 제안하다.

1. 지금 당장 필요한 사업이다.

가. 농산촌의 인구감소 및 고령화 극복을 해야 할 시기이다.

- 현재 일자리와 인구의 수도권 집중으로 집값 상승 등 심각한 문제가 지속되는 것에 반해 농 · 산촌 지역은 일자리 감소, 고령화로 도시 소멸 현상이 심화되고 있음
- 산촌인구는 2014년 이후 조금씩 증가하는 추세를 보였으나 2017년부터 다시 감소 추세가 나타나 2019년 141만 명으로 집계되었음
- 인구 재생산이 가능한 청년층 및 40~50대 장년층의 인구유출로 산촌의 생산인구가 지속적으로 감소하는 반면, 은퇴 세대 유입 및 산촌인구 고령화로 고령인구는 늘어날 것으로 전망됨
- 또한, 2010~2015년 인구 코호트 변화율을 적용하여 산출한 결과, 2050년의 산촌인구는 약 82만명까지 줄어들 것으로 전망되고 있으며, 특히 경북 및 강원 남부에 위치한 산촌의 가임여성인구 감소는 다른 지역보다 가속화되고 있는 것으로 조사되었음[1)]
- 따라서, 농 · 산촌 산림자원을 활용한 일자리 창출 및 다양한 공익적 기능 확보를 통해 산촌 경기 활성화와 지역의 균등발전을 도모해야 할 필요가 있음

---

1) 국립산림과학원, 산촌의 미래 전망, 2018

나. 탄소중립 패러다임 대응해야 한다.

- EU, 중국, 일본 등 주요국이 기후변화에 대응하기 위한 탄소중립[2)]을 선언하면서 탄소중립은 글로벌 신 패러다임으로 자리잡게 되었음
- 이에, 2020년 12월 정부는 탄소중립이라는 신 패러다임 전환 기로에서 능동적 대응을 통해 탄소중립과 경제성장, 그리고 국민 삶의 질 향상을 동시에 달성할 수 있는 기반을 마련하고자 '2050 탄소중립 추진전략'을 발표하였음
- 전략의 세부내용으로 '경제구조 저탄소화', '저탄소 산업생태계 조성', '탄소중립 사회로의 공정전환'이라는 3대 정책방향을 제시하였음
- 또한, 국내 산림의 노령화에 따라 탄소흡수기능(순탄소흡수량)이 저하되므로 숲가꾸기(간벌) 및 수종갱신 사업, 목재이용 활성화, 산림복원 등을 통한 탄소흡수기능 강화 및 탄소흡수원 확충을 위한 전략이 제시됨

다. 산림자원을 활용한 탄소흡수기능 강화는 우리의 책무이다.

- 우리나라는 1 · 2차 치산녹화 기간('73 ~ '87)에 200백만ha의 황폐화된 산림에 속성수 위주의 조림을 실시하였으며, 그 결과 국내 산림의 72%가 Ⅳ영급 이상으로 노령화되어 영급 불균형을 이루고 있음
- 영급 불균형을 조정하여 탄소흡수기능을 강화하기 위해서는 조림면적 확대[3)]와 숲가꾸기사업을 통하여 산림기능을 최적으로 발휘하는 것이 필요함
- 국내에서 2004년부터 숲가꾸기사업을 진행하고 있지만 2013년부터 지속적으로 숲가꾸기 면적이 감소하고 있음
  - 우리나라의 경제림 면적이 230만ha임을 고려하면 사업량은 약 8% 수준으로 매우 미비한 실정임

---

2) 같은 말로 '온실가스 넷제로'라고 부르기도 하며, 온실가스 배출원이 배출한 만큼을 흡수원이 다시 흡수하도록 해 실질적 온실가스 배출량을 '0'으로 만든다는 것을 말하며, 배출량을 줄이고, 흡수원을 확대하는 것이 핵심임

3) 제6차 산림기본계획 기간(2018~2037년) 중의 조림계획(2018년 22천ha → 2033년 25천ha)

표 . 국내 조림 및 숲가꾸기 면적

(단위 : 천ha)

구분	2013년	2014년	2015년	2016년	2017년	2018년	2019년
조림 면적[4)]	22	23	23	24	24	23	23
숲가꾸기 면적[5)]	371	293	279	258	248	213	186

출처 : 산림청, 임업통계연보, 2020

- 숲가꾸기사업을 통한 재해예방, 미세먼지 저감, 휴양 및 복지 등 국민의 삶의 질 향상과 공익적 가치증진의 어려움이 미래에 큰 부담이 되므로 미리 대응하고 예방하는 것이 지금 현세대에서 수행해야 할 의무이자 책임임
- 그러나, 현재의 법과 정책적 대응으로는 산림관리시기를 놓치고 세계적 임업국가로의 도약은 어려운 실정이며, 특히 산림자원의 경제적 가치제고 및 산업화가 어려움
- 이러한 탄소중립 사회로의 전환 과정은 세계 유일한 탄소흡수원인 산림자원을 활용하여 탄소흡수 기능을 강화할 수 있는 방안과, 지역균등발전을 고려한 지역중심의 탄소중립이 활발하게 전개되도록 지역별 맞춤형 전략을 마련할 필요가 있음
- 따라서, 본 연구를 통해 지역별 임업현황 및 산림자원 활용실태를 조사하여, 이를 바탕으로 산림자원을 활용한 일자리 창출 및 다양한 공익적 기능 확보를 통해 임업과 지역경제 활성화를 모색할 방안을 제시해야 할 필요성이 있음

---

4) 산주, 국가 또는 지자체가 산림내 목재생산 및 소득, 경관 목적 등으로 나무를 심은 면적을 연간 ha단위로 표시

5) 산주, 국가 또는 지자체가 산림내 조림목에 대한 풀베기, 덩굴제거, 어린나무가꾸기, 솎아베기 등 생육단계별로 나무를 가꾸어 주는 면적을 연간 ha단위로 표시

2. 외국은 오래전부터 대비했다.

가. 일본은 제2의 산림르네상스를 맞고 있다

- 일본은 지속적 산림정비 체제를 확립하고 국산재의 안정적 공급을 통해 산림의 탄소흡수 능력을 강화하고 있음
  - 목재 및 목질바이오매스의 효율적 안정적 공급과 이용확대
  - 임업채산성 개선에 의한 산림정비의 실행성 확보(시업단위 집약화, 작업 · 운반 노망 정비)
- 또한, 특별간벌촉진법, 인력양성, 국산재 활용에 관한 법 · 제도적 지원을 통하여 산림의 기능과 가치를 제고하고 있음

*1922년 기후변화협약(United Nations Framework Convention on Climate Change; UNFCCC) 가입, 서명

*1997년 기후변화대응을 위한 교토의정서에서 선진국 26개국이 참여, 일본은 6% 감축 의무

*일본은 탄소감축의무 6% 중 3.8%를 산림탄소흡수원으로 충당
 – 숲가꾸기사업(간벌, 조림 등) : 1,300민C–t

*2003~2006년 기초연구(산정방법 및 보고체제 등)를 추진

*2008년 산림간벌특별법 제정하였음

*2008~2020년 탄소배출삭감과 산림탄소흡수원 시책을 시행하였음

- 숲가꾸기사업 등 임야청에서 추가예산 765억엔/년을 확보함
- 이를 통해 일자리창출, 소득증대에 획기적 기여를 하여 산림분야의 산림르네상스 시대가 도래하였음

(1) 특별법 제정 : 「산림간벌 등의 실시촉진에 관한 특별조치법」

- 교토의정서(1997년)에 따라 기초자치단체가 적극적 산림간벌을 원활히 추진할 수 있도록 국가적 차원에서 행 · 재정적 특별조치를 강구함

- 2012년 교토의정서의 제1차 공약기간에 산림벌채 등의 대상을 달성하기 위한 것으로, 산림의 간벌 등을 촉진하기 위하여 특단의 조치를 취한다는 내용으로 2008년 5월 16일에 공표 · 시행되었음
- 일본 산림의 이산화탄소 흡수 보존 및 강화의 중요성을 고려하여, 2020년까지 산림의 간벌을 촉진하기 위하여 2013년 5월 31일 일부 개정법이 제정되었음
- 주요 내용으로는 중앙정부의 기본지침을 확정하고 국가와 지자체(광역, 기초)의 실행계획 의무와 재정지원방안 및 촉진계획을 수립함

(2) 인력양성 : 「임업노동력의 확보 촉진에 관한 법률」

- 입엄분야 고용 및 취업의 촉진을 도모하기 위하여 사업주 및 신규취업자에 대한 적극적인 행 · 재정적 지원을 목적으로 함
- 주요 내용으로는 중앙정부의 기본방침을 확정하고 지방자치단체의 기본계획의 수립과 임업노동력확보지원센터의 지정 및 업무를 규정하고 이에 따른 대책사업, 취업촉진자금 대부사업, 고성능임업기계 대부사업 등을 마련함
- 그리고 간벌촉진에 대해 계획 및 감리업무의 필요성에 따라 집약화사업(개별산림) 및 산림정비계획(기초지자체)을 수행하기 위한 산림시업계획가, 산림종합감리사 등의 전문인력양성을 지원함

(3) 목재이용 활성화 : 「공공건축물 등에 있어서 목재이용촉진에 관한 법률」

- 공공기관 및 목재사업자 등이 목재의 적절한 공급 및 이용을 원활히 추진할 수 있도록 국가적 차원에서 행 · 재정적 특별조치를 강구함
- 간벌재를 임내에 방치한 경우 산림탄소흡수원 증진활동으로 인정되지 않으므로, 목재사용(탄소고정)을 통하여 기후위기협약 실적 달성을 유도하고 이러한 간벌재 수요를 확보하여 수익을 증대시키는 것을 목적으로 함
- 주요 내용으로는 정부의 목조주택 보급 및 홍보에 관한 의무, 각종 공작물(가드레일, 방음벽, 울타리 등)의 목재이용 의무, 목질계 바이

오매스 제품(펄프, 종이 등)의 이용 의무, 목질계 바이오매스 에너지원(목탄, 목재칩, 목재펠릿 등)의 이용 의무를 규정하고 광역지자체의 추진방침을 수립하여 저층건물의 목조화(높이 13m이하, 연면적 3,000㎡ 이하), 건축물 내장 목질화, 토목현장에서의 목재사용 증대 등을 포함한 구체화된 목표를 달성하고자 함

(4) 기타 시책

- 기타 시책으로는 숲가꾸기의 홍보와 산주의 숲가꾸기사업 의무강화 및 협조요청을 위하여 2007년 ‘아름다운 숲가꾸기 국민운동’을 범국민적 참여운동으로 전개함
- 또한, 산림정비를 위한 지방정부의 재원 마련을 목적으로 전국 30여개 광역지자체에서 조례를 제정하여 ‘산림현민세’를 도입함
- 그리고 녹색기금에 의한 산림정비 촉진법에 의해 거국적 모금활동을 통한 녹색기금을 조성하여 산림정비 관련 NPO단체 등 공모사업 등에 지원하고 있음

(5) 향후의 구체적 대응방안

■ 면적 확대 : 탄소흡수량 산입대상 산림의 확대

■ 질적 확대 : 인공림자원의 흡수능력 향상

- 재조림 : 산림의 성장량 확대 도모
- 성장우수종묘의 개발 · 도입 : 육림시스템의 혁신

■ 목재이용에 의한 탄소저장기능 발휘

- 새로운 룰(HWP) 활용 : 목재제품의 탄소축적량 변화 평가
- 목재 이용확대 : 지역목재의 이용량 증대 및 장기이용 촉진
- 목질바이오매스 이용확대 : 화석연료 소비 억제
- 목제품 수출촉진 : 중국, 한국 등

■ 산림임업 재생을 위한 기반구축 및 안정적 재원 확보

- 효율적 생산기반 정비 : 간벌시업 집약화, 작업운반로 정비, 산림사업계획 전문가 양성, 산림사업단위 집약화 효율성 도모, 공급수요의 연

결 안정적 거래, 규모화에 따른 효율적 가공, 유통체제 정비, 목질계 산림바이오매스의 이용확대

- 임업 채산성 개선을 위한 재원의 안정적 확보

나. 독일의 지역자립 발전 바이오매스 산업이 활성화되고 있다

- 독일연방 환경청은 최근 국가보고서 '에너지 콘셉트'에서 2050년까지 원자력과 화석연료 0%, 재생에너지 85%를 달성할 것을 공식 발표했음
- 독일은 '에너지전환'의 본보기가 되는 나라로, 1990년대부터 정부와 기업, 국민이 삼위일체로 탈원전 · 탈석탄을 추진했음. 특히 소규모 마을 단위로 주민들이 직접 참여해 성공시킨 재생에너지 프로젝트가 다수 진행되어 왔음
- 또한, 2017년 기준 전체 발전량의 33.3%를 재생에너지로 충당했음
  - 풍력 16.3%, 바이오매스 6.9%, 태양광 6.1%, 수력 3.1%, 가정용 쓰레기 0.9% 순
  - 원자력이 차지하는 비중은 11.7%에 불과
  - '석탄발전 제로화'를 통하여 일찍이 국민적 공감대를 형성
  - 독일에는 재생에너지 분야에 34만명이 종사 중이며 매년 1만개 이상의 일자리가 창출
- 마을 단위 에너지 자립 초기단계인 우리나라에서는 에너지 자립에 대한 마땅한 기준이 설정되어 있지 않은 반면 재생에너지 사용이 활발한 서유럽의 경우 엄격한 기준을 마련하여 바이오에너지 마을을 양성하고 있음[6)]
  - 2018년 기준 공인된 독일의 바이오에너지 마을은 총 142개

6) 산림바이오매스를 활용한 바이오에너지마을 만들기(나무와에너지, 이승재)

• 건초와 가축 분뇨 등을 발효하여 만든 메탄을 원료로 2005년에 바이오매스 열병합발전소를 건설하여 연간 5,000MWh의 전력을 생산
  – 지역 주민의 70%인 142가구에 열병합발전(700kWh)과 목질보일러(550kW)에서 생산한 열을 지역난방시스템으로 공급
  – 전력 생산과정에서 발생한 열과 온수(연간 생산량 6,000MWh, 연간 소비량 4,000MWh)는 6km의 배관망을 통해 각 가정에 80℃, 최대 4.5bar의 압력으로 공급하여 난방에너지 절감

다. 우리의 대응

• 일본의 경우 교토의정서 6.0%의 탄소삭감의무 중 3.8%를 산림탄소흡수원으로 충당하였고, 추가예산 약 1조원/년을 투입하였으며, 이를 통해 산림분야의 대폭적인 일자리 창출, 지역 활성화, 소득증대 등 산림 르네상스 정책을 추진하고 있음

• 지속적인 산림정비 및 국산재 안정공급 체제를 통한 효율적 산림흡수원대책을 추진함과 더불어 적극적 시행, 재원 조달 방안 마련, 지자체의 책무 부여, 기초지자체의 사업추진 계획 작성 등의 제도적 지원을 하고 있음

• 특히, 간벌 및 조림의 중요성을 인지하여 2008년 「산림간벌 등의 실시 촉진에 관한 특별조치법」을 제정하여 기존 사업량 대비 60% 확대하여 예산을 집중적으로 투입하고 있음

• 또한, 지역인력 양성 및 노동력확보를 위한 「임업노동력의 확보 촉진법」과 공공건축물 등에 「국산목재 이용촉진법」을 제정하여 산촌 지역의 산업과 지역 활성화에 기여하고 있음

• 그리고 산림 바이오매스에너지를 이용한 발전 · 열 이용에 있어서 산림조합 및 목재 생산업체 등과 발전사업자가 협력을 맺는 등 안정공급과 지역공헌의 양립을 도모하며, 지방공공단체가 큰 역할을 하고 있음
  – 정부개입과 공적 지원 규모가 크고, 중앙정부와 지방정부의 상호연계성을 강화

– 지역계획은 상 · 하위 구분된 체계로 수립, 도시와의 균등화 고려

- 독일의 경우 1990년대부터 정부와 기업, 국민이 협력하여 탈원전 · 탈석탄을 추진해왔으며, 'Energy Concept 2010'으로 재생에너지 시대가 도래됨에 따라 경쟁력 확보와 안정적 에너지 공급을 위한 정책적 뒷받침을 통하여 에너지전환을 성공적으로 이루어냈음
- 또한, 탄소배출 절감 정책에 따른 분산형 에너지공급을 확산을 위한 소규모 마을 단위로 주민참여형 재생에너지 프로젝트는 정부의 지원과 지역주민들의 적극적 참여를 통해 성공적으로 진행됐으며, 이러한 사례는 우리나라의 지역 산림자원을 활용한 뉴딜사업에 좋은 사례가 될 것으로 판단됨
- 이처럼 우리나라도 산림의 노령화로 인한 산림재해 위험 및 탄소흡수량의 감소, 산촌의 인구감소 및 지역경제 쇠퇴, 저조한 국산목재 자급률, 대체에너지 확보 등의 시대적 · 지역적 과제를 고려하여 특별법 제정과 같이 다양한 법 · 제도적 방안이 필요한 실정이라 할 수 있음

3. 산림형 지역균형뉴딜 사업의 가치와 활동방안은 이렇다

가. 산림형 지역균형뉴딜 사업의 가치

- 본 연구에서는 탄소중립이라는 국제적인 패러다임과 코로나19로 인한 경제위기, 지역불균형 해소를 위한 뉴딜사업추진 정책기조를 바탕으로 산림자원을 활용한 지역균형뉴딜 사업의 필요성과 지역산업전환을 실현할 수 있는 산림형 지역균형뉴딜 사업의 산업화 모델을 제시하고자 함

(1) 탄수흡수력 제고

- 2050 탄소중립이 세계적인 의제화가 되면서 국내에서도 탄소중립의 필요성이 제기되었음
- 현재 국내산림은 Ⅳ영급 이상 산림이 약 72%로 영급불균형을 이루고 있으며, 이렇게 고령화된 산림은 탄소흡수량이 저하되므로 영급재조정을 통한 미래 탄소흡수력에 대한 제고가 필요한 시점이라 할 수 있음

• 또한, 우리나라의 목재자급률은 2019년 기준 16.6%로 저조한 수준으로 탄소를 저장할 수 있는 목제품, 목조건축, 산림바이오매스 등의 활용을 위한 국산목재 공급확대가 필요함

• 미이용 산림바이오매스는 탄소중립 에너지원으로 우리나라뿐만 아니라 국제적으로 신재생에너지원으로 인정받았으며, 산업부 제5차 신재생에너지 기본계획에서 그린뉴딜 전략 및 2050 탄소중립 선언('20.10.)으로 향후 친환경 신재생에너지의 역할과 중요성은 더욱 증대될 것으로 전망됨

• 탄소흡수력 제고를 실현하기 위한 개선과제로는 벌채에 대한 인식제고, 불량림갱신에 대한 지원, 숲가꾸기(간벌)확대와 수집률 향상이 있음

• 일반 국민이 바라보는 산림의 역할과 가치는 산림의 공익적 기능을 더 중요시하므로 벌채에 대한 부정적인 인식이 지배적이며 이러한 부정적 인식개선을 위하여 산림청은 친환경벌채 제도도입 및 기준강화, 벌채를 산림경영의 일환임을 강조하여 적극적으로 홍보하고 있음

• 또한 이러한 벌채에 대한 부정적인 인식개선을 위해서는 탄소중립 관점에서의 뉴딜형 산림경영계획수립과 더욱 정교한 벌채의 설계 및 감리와 친환경적인 시공을 바탕으로 적극적인 국민인식 개선에 누력이 필요할 것으로 사료됨

• 적절한 시업관리가 이루어지지 않고 생장이 불량한 채로 방치된 불량림은 목재의 가치증진뿐만 아니라 산림의 이산화탄소 흡수 측면에서도 적극적인 갱신이 필요하다고 할 수 있음

• 그러나 불량림의 경우 생산 시 사업비가 일반임지에 비해 많이 소요되고 목재가치가 낮아 지원사업이 필요하거나, 또는 불량림 수종갱신 기준에 부합하지 않을 시 수종갱신을 실행할수 없으므로 탄수흡수력 제고 측면에서의 접근이 필요할 것으로 사료됨

• 숲가꾸기를 실행한 산림은 광선유입량과 수분유입량이 높아짐에 따라 건강한 숲을 형성하고, 토양 내 미생물이 풍부하여 더 많은 이산화탄소를 산림 내에 저장할 수 있음

- 그러나 숲가꾸기사업의 예산과 사업량은 줄어들고 있으며, 숲가꾸기 사업 후 발생한 산물에 대한 수집률도 저조한 상황이라 할 수 있음
- 탄소흡수력 제고를 위한 숲가꾸기사업의 확대와 규모화 그리고 기계화 도입 및 산림경영기반시설 확충을 통한 효율적인 산물수집이 필요할 것으로 사료됨

(2) 산림자원의 지역에너지화

- 산림바이오매스는 탄소중립 에너지원으로 우리나라뿐만 아니라 국제적으로 신재생에너지원으로 인정받았으며, 정부의 '탄소중립 2050' 정책을 성공적으로 이끄는 핵심적 역할을 수행하는데 있어서 가장 유리한 에너지원이라 할 수 있음
- 연간 20만ha의 산림을 관리하여 이 중 10만ha에 대해 산물을 수집하여 목재펠릿 등의 산림바이오 에너지로 사용했을 때 에너지 수입 대체효과와 숲가꾸기 산물 수집 확대로 일자리 창출 효과 및 탄소고정 효과를 기대할 수 있음[7)]
- 산림자원의 특성상 자원의 밀집도가 낮고 전국에 분포하므로 지산지소형 에너지로 이용함으로써 지역 순환형 자원으로 활용할 수 있음
- 그러나 우리나라 임업의 특성상 산림바이오매스의 효율적인 수집을 위한 경영기반시설이 부족하고 인력 중심의 생산으로 생산성이 낮아 가격과 품질에서의 경쟁력이 낮으므로 산림형 지역균형뉴딜 사업을 통하여 경영기반시설, 지역 내 유통망 구축 등을 통하여 산림자원의 지역지소형 에너지로 활용이 가능하다고 할 수 있음
- 산림자원의 지역 에너지화를 실현하기 위한 개선과제로는 효율적인 원료확보, 안정적인 수요처 확보, 지역 내 산림바이오매스 수집 · 가공 · 유통 체계 구축이라 할 수 있음

---

7) 산림바이오매스 확대보급과 산업화에 관한연구(한국농촌경제연구원, 2008)

- 효율적인 원료확보는 비용적인 측면과 생산적인 측면에서의 효율성을 포함하며 현재 우리나라의 임업의 현실을 비추어볼 때 기반시설구축 및 고성능임업기계화 등을 통한 임업시스템 개선으로 생산성 향상과 운반비용을 최소화하기 위한 지역 내 유통망을 구축하는 것이 필요하다고 할 수 있음
- 장기적이고 안정적인 에너지 수요처를 확보하기 위한 공공기관 및 학교, 지역 내 소규모 열병합발전, 지역발전사 등과 유통망을 구축해야 하며, 재생에너지원의 열공급에 적정 보조금을 지급하여 가격을 지원하는 방식이 필요함
- 결과적으로 지역 내 산림바이오매스의 원활한 생산과 가공 그리고 소비를 위해서는 지역 내 산림바이오매스 관련 거버넌스가 구축되어야 하며 이를 토대로 유통체계 마련이 필요하다고 할 수 있음

(3) 지역산업의 전환

- 탄소중립에 따른 탈탄소화 및 기술변화 등으로 촉진되는 산업전환의 시대를 맞아 지역의 산업에도 전환이 필요한 시점임
- 특히 산림자원이 풍부한 지역은 폐광지역과 같이 과거 국가 산업화를 이끌었으나 현재는 지역의 주력사업이 쇠퇴한 지역이거나 농산촌인 경우가 대부분임
- 이러한 지자체의 경우 도심지역에 비해 재정자립도가 낮으며 지속적인 인구유출로 인구소멸위험지역으로 포함되어 있음
- 지역균형발전의 취지에서는 이러한 지역에 탄소중립의 패러다임과 탈탄소화 및 기술변화에 따른 새로운 산업으로서의 전환이 필요하며, 지역균형뉴딜 사업을 통해 산업구조의 변화에 마중물 역할이 필요함
- 산림형 지역균형뉴딜 사업을 통한 지역산업의 전환을 실현하기 위한 개선과제로는 지역 내 기술인력 양성, 산림자원생산지구(가칭) 지정

- 산림형 지역균형뉴딜 사업은 산림자원의 특성상 중장기적인 산업으로써 장기적인 기술인력 확보가 중요하나, 현재의 우리나라 산림사업 수행인력은 고령화되어 있을 뿐만 아니라 산림이라는 특수한 지역에서의 강도 높은 작업으로 새로운 인력유입이 어려운 실정임
- 이에 따라 단기적으로는 기존 쇠퇴산업에서의 인력을 산림산업 기술인력으로 전환하고 장기적으로는 향후 고성능임업기계의 도입, 탄소흡수원으로써의 고도화 산림경영, 4차산업 기술 도입 등에 의한 산림산업 기술인력을 지역 내에서 양성이 필요함

나. 산림형 지역균형뉴딜 사업의 가치흐름과 활동

- '사전계획수립'은 기존의 산림사업이력 DB화를 통해 효율적인 뉴딜형 경영계획을 수립하여야 하며, 임상, 지리, 지위 등을 고려한 적정대상지를 선정하고 소규모산지집약화사업을 통하여 산주들의 참여를 유도하고 이에 따른 산주동의 보조금 지원제도 및 산주설명회, 산림산업에 대한 홍보 및 의식개선과 같은 보조활동이 필요함
- '산림자원생산'은 산림경영인프라 구축, 산림기술인력의 양성, 고성능 임업기계 도입을 바탕으로 규모화된 산림자원생산지구를 지정 및 운영해야 하며 효율적인 선진형 시범생산사업과 한국형 생산시스템 개발이 필요함
- '산림자원가공 · 유통'은 산림바이오매스 및 지역목재의 효율적인 수집 · 유통을 위한 자원수집센터를 운영하고, 산림바이오매스 수집센터 간 유통망을 유연하게 대응할 수 있도록 하는 컨트롤타워를 마련할 필요가 있음
- 또한, 원목공판장 및 목재고부가가치 향상을 위한 종합목재가공단지를 조성하여 자연스럽게 목재가공클러스터가 조성되도록 유도하고 첨단목재소재 개발도 필요할 것으로 사료됨
- '산림자원이용'은 국산재 활용촉진 유도를 위한 국산재활용촉진특별법

과 저층 공공건축물의 목조화를 의무화하는 활동이 필요하며 지역밀착형 산림바이오매스 에너지전환를 실현하기 위한 에너지전환 설비지원 및 적정 보조금 지원 등의 보조활동이 필요할 것으로 사료됨

- '산림자원 조성 · 육성'에서는 간벌 · 불량림 갱신사업을 확대하고, 탄소흡수수종으로의 갱신을 통한 신규 탄소흡수원 확보활동이 필요할 것으로 사료됨

4. 산림자원을 활용한 지역균형뉴딜 사업 제시하다

- '**〈강원폐광지역〉** 산림형 지역균형뉴딜 사업'은 산림자원이 풍부한 강원도라는 지리적 위치와 폐광지역의 산업전환이라는 시급성을 고려하여 지역균형뉴딜 사업이 필요할 것으로 판단되며, 광해관리공단, 대한석탄공사의 보유임야 및 부지 활용과 정선 하이원리조트, 태백의 도시재생사업 등의 장기적인 수요처 확보 등 우수한 조건을 바탕으로 규모화 있는 초광역 협력사업으로써 지역균형발전의 실현 가능성이 높을 것으로 판단됨
- '**〈경북동해안권역〉** 소나무림의 송이버섯 생산지 보전과 육성사업'은 국내 송이의 주산지로써 산촌의 소득수준이 비교적 높으며 산주들의 참여도가 높은 이점을 가지고 있으나, 산불 및 병충해 피해로 인한 소나무임분에 대한 보존이 필요한 시점으로 동해안 산림경관산업과 연계하였을 때 효과가 클 것으로 판단됨
- '**〈지리산권역〉** 노령 밤나무림 갱신 및 자원화사업'은 과거 밤 수출단지로서 역할을 주도하였으나, 밤나무의 노령화와 산촌인구의 고령화와 인구감소, 인건비 상승 등 지역적 한계로 쇠퇴하고 있어 기구축된 작업로 등 기반시설이라는 이점을 활용하여 새로운 산촌소득수종으로 갱신을 유도하고 노령 밤나무 자원을 활용한 가공 및 바이오매스로의 활용이 가능할 것으로 판단됨
- '**〈제주도권역〉** 삼나무 · 곰솔 · 편백림 자원의 산업화 사업'은 과거 조성된 삼나무 인공림이 영급 불균형을 이루고 있으며, 소나무재선충병의 피해로

생태 경관이 중요한 임분들이 소멸할 위기에 처한 상황이므로 삼나무 · 편백림에 대한 활용산업과 곰솔림 임분 갱신사업 등이 가능할 것으로 판단됨

5. 강원 폐광지역 지역균형뉴딜 사업은 절실하다(예시)

가. 석탄산업 및 폐광지역 현황과 문제점

■ 석탄산업의 현황

- 1970~1980년대 경제발전의 원동력이었던 석탄산업은 우리나라 유일한 부존에너지 자원이며, 생활연료 공급과 기간산업의 중추적 역할을 수행하였으며, 국가 경제발전에 크게 기여하였음
- 그러나 경제성장, 청정연료 선호 및 비경제성으로 인해 1989년부터 석탄산업 합리화 정책[8]을 추진하여 생산량은 현재 1/10수준으로 급감하였음
  - 우리나라에서는 가정용 난방 연료로 주로 쓰이는 무연탄만을 유일하게 생산
  - 탄광수 : ('88)347개 → ('15)5개(▽342개 탄광) → ('16) 5개 → ('17)5개
  - 생산량 : ('88)2,429만ton/연 → ('15)176만ton/연(▽2,253만ton/연) → ('17)150만ton/연
  - 근로자 : ('88)62,259명 → ('15)3,126명(▽59,133명) → ('17)2,275명

■ 폐광지역의 현황 및 문제점

- 석탄산업 합리화에 따른 시세(市勢)의 위축으로 이들 지역의 인구는 1988년 44만명에 달했으나 2015년 말 현재 20만명 이하로 절반 이상이 감소하였음

8) 석탄산업 구조조정을 원활하게 추진하기 위해 석탄광 감산, 감산에 대한 인센티브 제공 및 탄광지역 근로자에 대한 지원방안 등을 수립 추진

- 태백시 : 115천명('88) → 48천명('15)
- 삼척시 : 132천명('88) → 71천명('15)
- 정선군 : 120천명('88) → 41천명('15)
- 영월군 : 74천명('88) → 40천명('15)

• 폐광지역은 광업 이외의 직종에 필요한 기능, 기술기반이 부족할 뿐 아니라 소득기반이 국고보조에 의존하고 있으므로 인해 자체 개발재원의 축적이 미흡한 실정에 있음

• 이러한 결과는 전국평균(50.4%)과 강원도지역 평균(28.8%)과 비교하면 현저히 낮은 재정자립도를 보여주고 있음

- 태백시 : 27.1%('10) → 23.7%('20)
- 삼척시 : 16.7%('10) → 13.5%('20)
- 정선군 : 20.0%('10) → 23.2%('20)
- 영월군 : 11.9%('10) → 16.6%('20)

• 1995년 정부는 석탄산업이 후퇴함에 따라 낙후된 폐광지역의 경제를 진흥시켜 지역 간 균형 있는 발전과 주민의 생활수준 향상을 도모하기 위하여 「폐광지역 개발 지원에 관한 특별법」을 제정하였음

- 1997~2011년 폐광지역 지원을 위해 투입된 주요 공공재원 규모는 2조 494억원
- 2025년까지 관광을 테마로 '폐광지역 그린뉴딜사업' 7개 사업에 사업비 1,326억 투입

• 그러나, 이러한 지원은 주로 기반시설 조성과 생활환경 개선, 각종 테마파크 조성 등과 같은 관광 · 레저산업과 문화사업으로 집중되어 실질적인 지역주민의 소득향상을 위한 대체산업 육성에는 미흡하였음

• 1997년부터 석탄산업을 대신해 새로운 일자리를 창출할 대체산업으로 관광산업 육성이 추진되었으나 강원랜드 등 일부 사업을 제외하고는 진행이 부진한 상태여서 현재의 경기부진과 인구유출을 막아내기에는 부족한 상황임

- 더욱이 지역 내 대체산업 육성을 재정적으로 지원해 온 「폐특법」[9] 도 2025년 만료될 예정이므로 해당 지역에서는 일자리 감소에 따른 정주기반의 붕괴 우려가 확산되고 있음

나. 강원 폐광지역 산림면적 및 잠재자원량 산출결과

1. 강원 폐광지역 전체 산림면적 : 318,786ha
2. 산림기능구분에 따른 목재생산림 면적 : 70,025ha(무립목지 제외 66,637ha)
3. 목재생산림의 총 임목축적 : 12,393,153㎥
4. Ⅳ영급 이상의 목재생산림 면적 : 50,362ha
5. Ⅳ영급 이상의 총 임목축적 : 10,918,313㎥
6. 강원 폐광지역의 미이용 산림바이오매스 잠재자원량 : 3,707,847ton
7. 연간생장률에 따른 연간 생산가능한 미이용 산림바이오매스 자원량 : 148,314ton/연
8. 평균벌채면적에 따른 공급가능한 미이용 산림바이오매스 자원량 : 56,005ton/연

- 강원 폐광지역의 미이용 산림바이오매스의 경우 산림면적에 따른 잠재자원량은 풍부하며, 연간생장률에 따른 지속가능한 자원량도 충분하다 할 수 있으나, 현재 평균 시업량에 따른 공급 잠재량은 태백시의 향후 수요 규모에도 미달할 것으로 예상됨
- 그러므로 강원권역은 '광역 내 지자체 연계협력사업'으로 규모화를 통한 시업량을 확대하는 것이 필요하다고 할 수 있음

9) 「폐광지역 개발지원에 관한 특별법」은 2005년 만료 예정이었으나 대체산업 육성부진 등의 이유로 만료 시한이 2025년으로 연장되었음

다. 강원 폐광지역 지역균형뉴딜 사업의 목표 및 주요과제

- 폐광지역 산림형 지역균형뉴딜 사업의 목표는 산림자원의 에너지화 및 고부가가치화를 통한 탄소중립 에너지전환 패러다임을 주도하고 지역경제활성화 및 일자리창출로 지역균형발전을 실현하는 것이라 할 수 있음
- 목표실현을 위한 단계별 목표와 주요과제는 다음과 같이 정리할 수 있음

표 2. 폐광지역 산림형 지역균형뉴딜 모델의 단계별 목표 및 주요 과제

단계	목표	주요 과제
사전계획	적정대상지 선정, 뉴딜경영 계획 수립	1. 뉴딜경영계획 수립 및 산림사업 이력 DB화 ① 기존 경영계획 및 산림사업 DB화(사업이력, 임상, 지리 정보 등) ② 뉴딜경영계획 작성 ③ 소규모산지 집약화 사업 및 지역주민 공청회, 설명회(참여유도, 홍보, 산림사업 의식개선 등)
자원생산	생산효율 향상, 생산비용 절감	2. 산림자원 생산기지 구축 ① 산림자원생산 시범지구 추진 ② 고성능임업기계 및 교육훈련 추진 ③ 산림경영인프라 구축
자원가공 · 유통	지역 내 유통망 구축, 고부가 가치화	3. 목재 종합가공유통단지 구축 ① 산림바이오매스 수집센터 및 유통망 구축 ② 종합 목재가공단지 구축 및 민자유치 ③ 국산재 고부가가치화를 위한 단가공시설 유치
자원이용	국산목재 활용 촉진	4. 국산목재활용 촉진 특별법 제정 ① 산림자원을 활용한 간벌 및 신조림사업의 촉진과 이용에 관한 법률(한시적 특별법) ② 규제샌드박스 및 지자체 조례제정 등
자원조성 · 육성	탄소흡수 수종갱신	5. 탄소중립실현을 위한 탄소흡수수종갱신 ① 탄소흡수 불량림 수종갱신 ② 스마트양묘시설 구축

(1) 사전계획 단계

- 사전계획 단계에서는 기존 산림경영계획에 대한 검토와 산림사업 DB화, 임소반에 대한 사업이력, 임상, 지리, 지위 등을 검토하여 1차 대상지를 선정하는 작업이 우선되어야 하며 뉴딜 경영계획서를 작성하여 대상지에 대한 사업종과 사업의 우선순위를 결정하여 경제성분석이 뒷받침되어야 함
- 또한, 사유림의 경우 소규모 산지가 대부분이므로 일정 규모(30ha 이상)의 집약화로 규모화하여 목재생산비용 및 운반비용 절감으로 효율적인 산림경영에 도달할 수 있음
- 최종적으로 소규모 산지 집약화 사업을 통하여 대상지를 확정하고 이에 대한 경영계획의 작성과 적정대상지 선정과정에서는 산림기술인력이 주체로써 참여할 수 있음

(2) 자원생산 단계

■ 효율적인 임도망 구축

- 국립산림과학원에서 제시한 목재생산을 적정 임도밀도인 25.3m/ha수준으로 구축하기 위해서는 폐광지역 4개 시 · 군의 목재생산림 면적인 66,637ha를 기준으로 총 1,686km의 임내도로가 필요하며 현재 평균 임도밀도가 목재생산림 내 시설이 되어있다고 가정하면 약 1,400km의 임내도로가 필요하다고 할 수 있음
- 또한, 현행 3등급(간선, 지선, 작업임도)의 체계에서 5등급(1~5급)으로 이용빈도수, 활용도, 설계차량 등에 따라 세부적으로 분류하여 개설비용의 효율화 및 임도망의 효율적인 활용이 가능할 것으로 사료됨

■ 기계화작업장 구축

- 최근 소나무재선충병 발생에 따른 피해목 반출금지조치로 인하여

피해목의 집재와 파쇄작업공간인 기계화작업장에 대한 요구가 높으므로 향후 대형장비들의 활용을 고려한 기계화작업장에 대한 설계가 생산단계에서 기본계획(경영계획) 수립 시 반영이 필요함

■ 고성능임업기계 도입의 필요성

- 우리나라 임목수확작업은 대부분 굴삭기에 부착형 우드그랩에 의한 단목을 경사지 아래로 던져 내리는 방식의 중하산 집재작업이며, 영운기, GMC와 같은 소형트럭에 의한 운반작업이 이루어져 과도한 작업도의 개설과 대경재의 집재작업이 거의 불가능하기 때문에 목재의 가치를 고려한 임목수확작업이 불가능한 실정임[10)]
- 산림바이오매스 수집을 위해서는 타워야더와 같은 가선계 고성능 임업기계를 이용한 전목집재작업 중심의 임목수확 작업시스템이 시급히 도입되어야 하며 한국형 고성능 임업기계장비를 세트로 도입하고 이를 활용한 시범사업 및 선진형 교육훈련이 필요함

■ 교육훈련 및 기능인력 양성

- 교육훈련 및 기능인력의 대상자는 기존의 탄광지역 근로자 2,275명에 대하여 교육훈련을 실시하여 임업 기능인력으로 전환이 가능할 것으로 판단됨
- 지역균형발전의 장기적인 측면에서는 폐광지역의 4개시 · 군의 인구유출을 방지하고 새로운 유입 및 정주를 위한 장기적인 일자리 창출 및 기능인력 양성이 필요한 시점이라고 할 수 있음
- 폐광지역 내 산림형 지역뉴딜사업 추진에 따른 지역균형발전의 장기적인 측면에서 관련 대학 및 전문대학 관련학과 이전 및 개

---

10) 산림바이오매스 이용을 위한 임목수확작업시스템의 현황 및 정책분석(2020, 박상준)

설이 된다면 지역 내 산림기능인력 확보 및 청년 일자리 창출효과를 기대할 수 있을 것으로 사료됨

(3) 자원가공 · 유통 단계

■ 종합 목재가공단지 및 산림자원수집센터 조성

- 종합가공단지의 지역 내 생산된 모든 산림자원을 순환하는 것이 목적으로 제재용 원목은 제재소에서 소비하고 원료재용 원목 및 미이용 산림바이오매스는 목재칩, 목재펠릿 등의 연료의 원료로 소비하고, 열병합발전소 및 난방시설에서 발생하는 연소부산물(회분)과 목재가공 부산물은 축산퇴비와 혼합하여 친환경 비료로 생산하는 등의 산림자원순환 체계를 구축해야 함
- 미이용 산림바이오매스 수집센터와 종합목재가공단지는 유기적인 유통망을 갖추어야 하며 권역 내외 수요처별 위치 및 운반거리에 따라 효율적인 공급을 할 수 있도록 중심형, 분산형으로 역할 및 규모를 구분하는 것이 유리함
- 중심형인 종합목재가공단지는 제재목, 목재칩, 목재펠릿, 첨단목재가공 등의 고부가가치 창출을 위한 가공단지의 역할과 원목 및 가공목의 유통허브로서 주말 원목공판장, 마을 목공제품 판매장, 목재문화체험장 등을 통해 국산재 활용확대 및 지역경제 활성화를 도모함
- 분산형인 산림바이오매스 수집센터는 원료재 원목 및 미이용 산림바이오매스 등 건조 및 파쇄공정을 거쳐 지역 내 소규모 발전원료 공급과 종합가공단지 또는 대규모 발전원료의 공급처로 가는 중간집하장의 역할을 수행함으로써 안정적인 원료공급을 기대할 수 있음

■ 첨단가공목재 및 목질계 신소재 R&D 기반 구축

- 기후변화 대응에 따른 녹색건축의 건설에 대해 국내외적 관심이 증대되고 있으며 이를 실천하기 위한 핵심방안으로 고층 목조건축과 관련 연구 및 정책개발이 활발하게 진행되고 있음
- 목재플라스틱 복합재(Wood Plastic Composites, 이하 WPC)는 목분(wood flour)과 플라스틱 원료, 첨가제를 균일하게 혼합하여 압출성형 또는 사출성형을 통해 제조한 제품으로, 국립산림과학원에서는 WPC 제조기술 연구를 통해 향후 폐목재와 폐플라스틱을 이용한 재활용 WPC 개발을 목표로 추진 중임
- 목재로부터 추출된 나노셀룰로오스는 신소재, 고분자소재, 의공학 소재, 전자소재 등으로 쓰이며 리튬이온전지, 의공학 소재, 고분자복합재료, 약물전달시스템 등 다양한 첨단소재의 원료로 활용하기 위한 연구가 이루어지고 있음
- 이처럼 미래의 첨단소재전쟁에 대비하여 목재가공시설 유치뿐만 아니라 목재를 활용한 첨단신소재 상용화를 위한 민간투자 및 기술개발이 이루어질 수 있도록 기반구축이 필요할 것으로 사료됨

(4) 자원이용 단계

■ 목재자원 이용촉진을 위한 제도 및 법제화

- 일본의 경우 「공공건축물 등에 있어서 목재이용촉진에 관한 법률」 등 목재자원 이용촉진을 위한 법률제정을 통하여 국산재 활용에 관한 촉진을 유도한 바 있음
- 이처럼 공공건축물의 목조화 뿐만 아니라 탄소중립 선언에 따른 목제품 이용을 정부, 공공기관, 학교 등에 확대하고, 토목 및 산업현장에 목재이용 확대를 유도해야 함
- 이를 위해서는 '국산목재 및 부산물 이용촉진법(가칭)'과 같은 특별법 제정과 지자체의 탄소중립선언에 더불어 관련 조례제정 등이 필요함

(5) 자원 조성 · 육성 단계

- 최근 산림청은 30년간 30억 그루 나무심기 등의 탄소중립 목표를 수립하였으며 이러한 수요를 충당하기 위한 탄소흡수종에 대한 스마트양묘시설 구축 등의 노력이 필요할 것임
- 지금까지 인력위주의 양묘생산시스템은 ICT(정보통신기술)를 기반한 자동제어 온실, 관제시스템, 고습도 저온 저장고 등을 갖춘 스마트양묘시설로 전환하기 위하여 노력하고 있음
- 탄소흡수종뿐만 아니라 산주들의 임업소득 창출을 고려한 마을 및 접근성이 좋은 연접지역에는 특용수종 조림도 고려할 수 있음

라. 강원 폐광지역 지역균형뉴딜 시범사업(안)

(1) 폐광지역 내 공공기업 및 국유림 연계방안

■ 대한석탄공사

표3 . 대한석탄공사 보유임야 현황

(단위 : 천ha)

합계	삼척	영월	정선	태백	평창
1,086	296	432	55	106	196

- 석탄공사 보유임야가 가장 밀집된 직역은 삼척시 도계읍의 도계광업소 인근과 영월군 영월읍 문산리 인근인 것으로 나타났으며, 문산리의 경우 약 350ha가 대면적으로 밀집된 것으로 나타남
- 이처럼 석탄공사 부지를 산림자원수집센터 및 가공종합단지 등을 고려할 수 있으나, 현재 도계광업소 부지는 삼척시의 도시재생사업 추진에 따라 삼척시에서 해당부지를 매입할 계획을 하고 있어, 삼척시의 해당부지 활용에 대한 계획 등을 검토가 필요하며, 정선군

신동읍의 저탄장부지의 경우 산업부의 소유부지로서, 향후 석탄비축장의 역할을 계속해서 수행할 계획이라는 의견을 수렴한 바 있음

■ 강원랜드(정선 하이원리조트)

- 강원랜드는 친환경적 리조트 운영전략을 수립하여 운영 중이며, 목재펠릿 등 신재생에너지로의 전환 전략을 수립하여 추진 중임
- 이에 따라 향후 투자비 대비 효율이 높은 목재펠릿을 확대할 방침이나, 현재 안정적인 목재펠릿의 공급 및 연소 후 발생하는 회분의 처리가 폐기물로 인정되어 별도의 처리비용이 발생하며, 이러한 점이 보완된다면 전환에 더욱 적극적으로 동참할 것이라는 의견을 수렴한 바 있음

■ 국유림(경제림육성단지)

- 앞서 강원 폐광지역의 소유별 산림면적에 관한 결과를 살펴보면 국유림이 약 19만ha로 전체 산림면적 대비 62.4%를 차지하는 것을 알 수 있음
- 폐광지역의 지역균형뉴딜 사업모델을 원활히 추진하기 위해서는 국유림의 활용 및 연계가 필수적임을 시사함
- 이처럼 해당 폐광지역은 국유림 경제림육성단지의 비율이 높은 것으로 나타나므로 목재생산이라는 본래의 취지에 맞도록 국유림과 연계를 통해 시범생산지구를 선정하여 지역 내 높은비율의 국유림의 적극적인 참여와 소규모 개인산주로 구성된 사유림의 집약화 유도로 관계 지방청 및 관리소 그리고 지자체의 적극적인 협조 및 추진 아래 복잡한 산림소유구조를 극복한 성공적인 시범사례가 필요함

(2) 폐광지역 지역균형뉴딜 시범사업(안)

표4 . 폐광지역 지역균형뉴딜 시범사업 (안)

지역	삼척시	영월군	정선군
시범 사업명	광업소를 활용한 산림자원 수집 · 1차 가공 시범사업	공 · 사유림 산림바이오매스 수집 및 탄소중립 수종갱신 시범사업	국유림을 활용한 고효율 산림자원 생산 및 산림바이오매스 수집 센터 운영 시범사업
대상지	삼척시 도계읍 도계리	영월군 영월읍 문산리	정선국 사북읍 사북리
소유 구조	석탄공사 보유임야 국 · 사유림 경제림 육성 단지	석탄공사 보유임야 사유림 경제림 육성단지	국유림 경제림 육성단지
목적	국 · 공 · 사유림에서의고 효율 임목수확과도계광 업소시설을이용한 목재 1차 가공	공 · 사유림에서 불량 임지에서의 고효율의 산림바이오매스 수집과 탄소중립 수종갱신	국유림의 고성능임업 기계 도입을 통한 고효율의 임목수확사업 과 수집센터 시범운영, 강원랜드 탄소중립 에너지 원료공급

- 공통사업으로는 임도망, 기계화작업장 등에 해당하는 경영기반시설 구축과 고성능임업기계 세트 도입을 통한 시범생산 및 기계화 교육 훈련을 포함하는 것으로 하며, 3개의 모델은 국 · 공 · 사유림으로 구분된 산림소유 구조에 따른 규모화와 집약화 추진과 효율적인 산림자원의 생산 및 수집을 위한 기계화 도입 및 수집센터 유치 그리고 자원활용을 위한 1 · 2차 가공시설을 지역별 특성에 맞게 개별사업을 추진하는 것으로 함

(3) 폐광지역 내 산림자원 순환 체계 구축

- 폐광지역의 삼척, 영월, 정선, 태백은 별도의 개별적인 뉴딜사업으로서는 산업화 전환 및 파급효과가 크지 않으므로 지역균형뉴딜의 목표에

맞게 4개 지자체는 '광역 내 지자체 연계협력사업'으로서 추진해야 함

- 폐광지역이라는 역사 · 문화 · 사회적 동질감을 바탕으로 지역별 역할을 설정하여 산업의 전환으로 신재생에너지의 패러다임을 선도하는 지역으로 탈바꿈할 수 있도록 협력이 필요함
- 강원 폐광지역에서 자원공급의 역할은 수집센터를 통해 이루어지며 해당 수집센터는 삼척의 도계수집센터(1차 가공포함), 영월의 북면수집센터, 정선의 임계수집센터와 사북수집센터, 태백의 가덕수집센터를 수집센터 조성(안)으로 수립함
- 종합 목재가공유통단지는 폐광지역에서 생산된 가공용재에 대한 1 · 2 · 3차 가공을 통하여 다양한 목제품, 가공목재, 목재소재 등을 개발 및 생산하여 폐광지역 내 목재수요를 담당하는 역할을 수행하고 동시에 강원권 목재유통의 주요거점 역할도 기대할 수 있음
- 수집센터에서 수집된 산림바이오매스 원료는 현장파쇄 또는 수집센터에서의 파쇄 · 건조과정을 거쳐 폐광지역 및 인접지역의 관광리조트, 태백의 에코잡시티 난방 · 발전소, 지역별 소규모열병합발전 및 난방 연료로서 공급할 수 있음
- 추가로 평창군은 폐광지역은 아니나 강원내륙권 가운데 산림자원이 풍부하고, 많은 관광리조트(수요처)와 강릉시와 인접하여 향후 폐광지역을 중심으로 한 산림산업화의 확장성을 고려할 때 중요한 지역이라 할 수 있음

6. 법 · 제도 개선방안

가. 법 · 제도 개선(안)

- 산림자원을 활용한 지역균형뉴딜 추진전략을 실질적으로 실행하기 위해서는 시범사업의 추진과 기존 법령의 보완 및 한시적 특별법 등의 법 · 제도적 개선이 필요한 것으로 사료됨
- 이는 크게 두 가지로 구분을 할 수 있으며, 기존 법률에서의 내용적 보완과 일본의 사례와 같이 이를 추진하기 위한 한시적 특별법의 제정이 필요함

표 5. 기존 법률의 보완 및 한시적 특별법 제정

<table>
<tr><th>구분</th><th colspan="2">법률명</th><th>보완내용</th></tr>
<tr><td rowspan="8">기존 법률의 보완</td><td rowspan="6">「산림자원의 조성 및 관리에 관한 법률」</td><td>산림기능구분 (법 제8조)</td><td>– 부산물 생산기능의 추가</td></tr>
<tr><td>산림관리기반시설의 설치 (시행규칙 제 5조)</td><td>– 현재 3종류 체계를 1~5등급으로 구분하여임도규격을 세분화</td></tr>
<tr><td>산림경영계획의 수립과 인가 (법 제13조</td><td>– 뉴딜사업의 경우 산림경영계획은 기본계획및 설계로 대체하여 실행 가능</td></tr>
<tr><td>국유림영림단의운영(법 제23조의2)</td><td>– 부산물의 수집사업 신설, 우수인력의 양성을 위한 지원 및 양성기관의 지정</td></tr>
<tr><td>입목벌채등의허가 및 신고 등 (법 제36조)</td><td>– 벌채의 허가기준 완화
– 벌채의 기본계획(타당성, 재해, 환경 등 포괄)의 심사제도 도입</td></tr>
<tr><td>목재의 이용증진 (법 제37조, 시행규칙 제 48조)</td><td>– 국산목재의 의무사용기관의 지정
– 국내산 부산물 사용의 국가지원제도 도입</td></tr>
<tr><td rowspan="2">「탄소흡수원유지 및 증진에 관한 법률」</td><td>보호지역의 탄소흡수원 유지 및 증진 (법 제10조)</td><td>– 보호지역에서의 경제림, 외래수종의 벌채와 갱신은 상쇄제도 도입
– 국립공원, 유전자보호림 등에서의 경제림 및 외래수종 벌채 가능
– 마을뒷산 등의 경관 생태증진 유지 사업</td></tr>
<tr><td>목제품의 이용증진 (법 제12조)</td><td>– 벌채 기본계획의 심사제도 도입
– 뉴딜사업의 경우 허가제도 및 규모, 벌채방법 등의 변화적용</td></tr>
</table>

구분	법률명		보완내용
기존 법률의 보완	「목재의 지속가능한 이용에 관한 법률」	우선구매 (법 제19조)	– 시행령에 구체적인 명시 필요 – 민간업체 조달등록을 통해 구매활성화 유도를 실시하고 산업화 기틀 마련 – 산림형 지역균형뉴딜 사업에서 생산된 목재와 부산물 등의 수의계약 조건 명시
	「임업 및 산촌진흥 촉진에 관한 법률」	임업기능의 양성 (법 제18조)	– 임업인의 인재 양성제도 도입 – 벌채 및 간벌사업 확대에 따른 전문인력의 양성 – 인재양성과정의 보조금 지원제도 도입
	「국유림의 경영 및 관리에 관한 법률」	국유림의 목재생산 (법 제10조)	산림형 지역균형뉴딜 사업에서의 벌채기준 완화를 통한 산림자원의 효율적 수집 및 탄소흡수력 향상을 위한 수종갱신 유도
	「산림기술 진흥 및 관리에 관한 법률」	산림기술용역업의 등록요건 및 업무범위 (시행령 제12조제2항 관련)	산림형 지역균형뉴딜 사업의 용역업, 시공업 업무범위 및 업역 명시
한시적 특별법 제정	「산림자원을 활용한 간벌 및 갱신조림사업의 촉진과 이용에 관한 법률(안)」		– 간벌과 불량림벌채를 위한 특별기금의 투입 필요 – 간벌과 벌채수확을 위한 인력양성과 산촌정주권 확보 – 간벌과 벌채에 따른 사유림 산주의 소득창출 증대방향으로서의 정책전환 필요 – 산재 의무사용화 방안 강구(목재, 톱밥, 부산물 등)

나. 한시적 특별법 제정(안) 내용

■ 목적

- 우리나라 산림의 이산화탄소 흡수량 보전증대의 중요성을 감안하고, 2030년도까지 산림의 간벌과 불량림의 벌채 촉진의 계획과 실시에 관한 특별한 조치를 강구하여 산림의 관리와 목재산업과 산림산업의 고도화를 통하여 임업의 지속적이고 건전한 발전을 도모

■ 산림산업의 정의

- 계획수립, 설계, 시공, 감리, 타당성분석, 안전관리, 시공관리, 경제성분석 등의 포괄적 사업실행 전반의 활동을 산림산업이라 함

■ 기본방침

- 간벌과 갱신벌채의 목표
  - 숲가꾸기사업(간벌 등) 60%증/년 시행, 산림청 4차 숲가꾸기계획을 실행하고 수종갱신 조림 활성화(150만ha를 10년간 시행)
- 간벌과 갱신벌채 등을 실시를 위한 구역의 기준
- 간벌과 갱신벌채 등을 위한 추진계획 작성에 관한 사항

■ 추진계획의 수립

- 구역 기준 및 기본방침에 적합하게 수립
- 추진계획수립 주체 : 시 · 군 지자체 단체장 및 국유림관리소장
- 구역의 경계와 크기
- 촉진 계획 목표, 사업주체, 사업시기
- 사업비 보조(계획수립과 설계, 산주동의, 부산물, 수확물 운송비) 지자체와 국가의 보조금 지급

■ 계획과 기본 및 실시설계

- 사업구의 구획 : 5,000ha 이하(국유림, 사유림, 공유림 등)
- 산주의 참여와 사업지 집단화사업 지원(산림조합, 시공업, 용역업)

- 산림경영계획의 수립(자원법 제13조)과 인가에서 이 법에 따른 사업은 기본계획과 설계로 대체하도록 함
- 사업의 수주는 공개경쟁방식을 원칙으로 함

■ 사업의 시행과 감리

- 간벌, 벌채 허가기준의 완화와 예외(허가제도 및 사업규모, 벌채방법 등)
- 벌채계획의 사전심사제도 도입(타당성, 재해, 경관, 환경포괄 심의)
- 수집의 효율성제고를 위한 탄소중립사업의 임도를 1~5급으로 임도 규격을 다양화
- 시행주체는 기술법에 등록된 업체의 기준에 따름
- 계획과 시공, 감리를 종합적으로 실시하기 위한 종합업등록제도 도입(시공사 + 용역사)

■ 임업인력 양성지원사업 강화

- 벌체 및 수종갱신 사업의 전문인력 양성 지원
- 사업자 임업기계의 민간지원을 통한 경영효율제고
  - 시행주체 : 산림조합, 원목생산자, 산림사업법인, 국유림영림단
- 고성능임업기계의 교육기관의 지정과 프로그램의 운용
- 청년기능인양성을 위한 인턴제도 도입을 통한 산촌정주권 확보
- 기능인 인재양성 과정의 인건비 보조금의 지급

■ 국산목재 및 부산물 사용 활성화

- 국산목재 및 간벌재 의무사용 업체 및 기관의 지정
- 국산 부산물, 톱밥 등 사용 의무 및 지원

■ 탄소상쇄제도에 포함하는 사업

- 산림보호지역에서 경제림, 외래수종의 간벌과 벌채
- 생활권 내 경관 생태증진 및 유지사업

지금은 산림기술이 어렵지만 푸른 미래는 멀지 않았다.

2017년 밀포드 트레킹

산림기술과 산업

발　　행 : 2021년 11월 26일 초판 인쇄
2021년 11월 26일 초판 발행

저　　자 : 산림기술사/농학박사 정규원

디자인, 인쇄 : 경성애드컴

발 행 처 : 넥서스환경디자인연구원(주)
출 판 신 고 : 2007년 2월 21일 (신고번호 제22-3086호)
경기도 의왕시 이미로 40 인덕원 IT밸리 B902-B904 (우)16006
전　　화 : 031-424-2930
팩　　스 : 031-421-2931
홈 페 이 지 : http://www.nexusdesign.co.kr
이 메 일 : nexus@nexusdesign.co.kr
I S B N : 979-11-87571-13-1

| 정　가 | 30,000원